沈毅 ——

著

中国历代科技史

清代科技史

「彩图版」

U0195912

上海科学技术文献出版社

Shanghai Scientific and Technological Literature Press

图书在版编目（CIP）数据

清代科技史 / 沈毅著 . 一上海：上海科学技术文献出版
社 ,2022
（插图本中国历代科技史 / 殷玮璋主编）
ISBN 978-7-5439-8534-6

Ⅰ.①清… Ⅱ.①沈… Ⅲ.①科学技术—技术史—中
国—清代—普及读物 Ⅳ.① N092-49

中国版本图书馆 CIP 数据核字 (2022) 第 037055 号

策划编辑：张　树
责任编辑：王　珺
封面设计：留白文化

清代科技史
QINGDAI KEJISHI
沈　毅　著
出版发行：上海科学技术文献出版社
地　　址：上海市长乐路 746 号
邮政编码：200040
经　　销：全国新华书店
印　　刷：商务印书馆上海印刷有限公司
开　　本：650mm×900mm　1/16
印　　张：14.5
字　　数：179 000
版　　次：2022 年 8 月第 1 版　2022 年 8 月第 1 次印刷
书　　号：ISBN 978-7-5439-8534-6
定　　价：88.00 元
http://www.sstlp.com

目录

contents

六 139-168
地 学

七 169-192
医 学

八 193-199
物理学

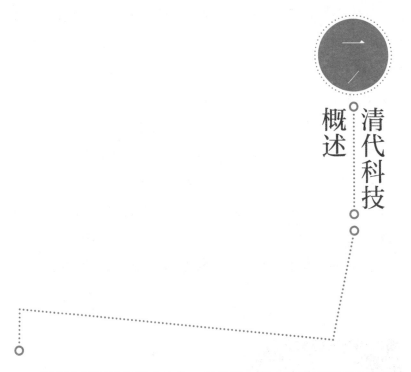

一

清代科技概述

如果把中国科技发展史比作一艘航船，那么当我们翻开它几千年的航行日志时，就会发现，顺治元年至宣统三年（1644—1911）这 268 年的航程是如此艰难曲折。鸦片战争前，水浅风弱，航速迟缓；驶出中世纪的港湾后，它虽然易桅换桨，可又面对着险恶风云和那般多激流险滩。

历史总要向前发展。鸦片战争爆发前，清代科技较之明代又有某些进步。

明末开始的西学东渐，于清初又持续了一段时间。当时领先于世人的欧洲科技，在中国得到有限传播。

人类社会发展总是不平衡的。创造了人类璀璨科技文明的中国，却自明代中后期起失却了长期保持的世界科技领域的领先地位。欧洲大陆一场文艺复兴运动，如风暴猛烈冲击着黑暗中世纪束缚人类理性的樊篱。羽翼渐丰的西欧资产阶级需要海外市场，殖民主义的野心随着资本增值而急速膨胀。以武力征服中国，殖民主义者自感力有不逮，只有以宗教潜移默化中国人的精神才是可取之途。不管明末来华传教士主观动机怎样，教会赋予他们的使命的确如此。传教士有文化，懂科技，更容易取得人们的信任与好感。于是，先进的科技就随着传教士的西来而东渐。清王朝确立对全国统治后，于顺治、康熙年间（1644—1720）注意发挥传教士传播科技的优势，从而使明末开始的西学东渐幸而没有中断。

西洋历法首次在中国采用。明代历法，使用年久，误差很大。明末两次日食，均未测准。崇祯皇帝命以西法修改《大统历》。殆及修成，明朝覆亡，未及颁行。清初传教士汤若望受顺治之命再作整理，清廷以《时宪历》之名颁行全国。

开普勒

约翰尼斯·开普勒是德国天文学家、数学家与占星学家，开普勒发现了行星运动的三大定律，分别是轨道定律、面积定律和周期定律。

牛顿

艾萨克·牛顿是英国著名的物理学家，百科全书式的"全才"，他在力学、数学、经济学上都有一定成就。其著作有《自然哲学的数学原理》《光学》等。

西方科技理论进一步传入。开普勒关于行星运转椭圆形轨道的观点、牛顿计算地球与太阳和月亮距离的方法、哥白尼日心说等天文知识先后传入。《御制数理精蕴》这本百科全书式的西方数学书籍得以编成。物理、化学、地学、医学等科技知识也都不同程度地传到中国。

西学的传入，直接推动了中国科技的某些领域的发展。康熙皇帝组织传教士和国人绘成堪称世界一流水准的《皇舆全图》。梅文鼎、王锡阐等才华横溢的数学家、天文学家深入开拓，成就卓然。

即便那些没有受到西学直接影响的领域，由于科学家辛勤耕耘和浇灌，科技之树也是果满枝头。叶天士等人发展、完善温病学说，王清任写出解

康熙

康熙即爱新觉罗·玄烨，8 岁登基，14 岁亲政，在位 61 年，是中国历史上在位时间最长的皇帝。他奠定了清朝兴盛的根基，开创出"康乾盛世"的局面，被后世学者尊为"千古一帝"。

剖学专著《医林改错》。各类农书、医书数量之大，内容之广，为史所未有。手工业技术、水利工程建设等方面也有建树。制瓷工艺巧夺天工，达到空前的水平。靳辅、陈潢又把治理黄河的理论和实践提高到新水平。

社会经济的恢复和发展，是此期取得科技进步的决定性条件。明中叶后，小农经济日遭破坏，封建土地兼并愈演愈烈。田赋、徭役及说不清的各种加派，更是雪上加霜。明王朝葬身于农民起义的火海之中，清朝统治者心有余悸。这生动而血腥的一课，迫使清统治者适当考虑农民利益，调整与农民的关系。许多有助于恢复和发展农业经济的措施，正

是在这种历史背景下于顺治、康熙年间推出前台。

开垦荒地所有权受到承认，更明朝藩田为民地。于是自耕农数量大增。

康熙年间时免钱粮，或全国普免或各省分批轮免。若遇灾年，更是例行"蠲免"。治黄河修水利工作更受重视。赋税制度改革最为有力。康熙实行"圣世滋丁，永不加赋"，雍正又有丁银入地赋，按亩数征收的举措。阶级矛盾得到缓和，必然促进社会经济发展。全国直省耕地面积由顺治八年（1651）的 2.9 亿亩，升至嘉庆十六年（1812）的 7.9 亿亩，此数尚不包括旗地、官田及黑龙江、吉林、蒙古、新疆、青海等地的耕地，大大超过了明代。高产粮食作物得到推广，经济作物种植进一步扩大，专业种植区也已出现。

城市工商业者的地位相对改善。免受丁银之扰，明以来匠人对国家人身依附的"匠籍"制度随之瓦解。国家对民营瓷窑、纺织工场及采矿等进一步放宽限制。大小城市各类作坊林立，苏杭的丝织、松江的棉纺织、景德镇的制瓷、佛山的铸铁等业名扬天下。

农业与手工业的发展，为商业繁荣奠定了基础。扬州、苏州、南京、杭州、广州、佛山、汉口、北京，成为全国八大商业城市。中小城市星罗棋布。这也是明代无法相比的。

尤应指出的是，手工业中的资本主义萌芽有所发展。某些地区农业中也开始出现资本主义生产关系。鸦片战争前夕，佛山镇织布手工工场达 2500 多家，雇佣工人达 5 万余人。景德镇有窑二三百处，陶户数千家，工匠达几十万，远非明末几万佣工水平可比。明时并无资本主义手工工场的震泽、盛泽，乾隆年间（1736—1770）也出现了丝织业的资本主义手工工场。手工工场规模进一步扩大，南京已有人拥有丝织机 500 张。城市资本主义萌芽和个体工商业的发展，以及城市人口的增加，使得不少地区出现了围绕城市加工和消费而进行生产的经营地主，雇工规模甚至达到数十乃至百余人。

清代农业、手工业及商业的恢复和发展，既是科学技术发展的结果，又进一步为科学技术的发展提供了动力和舞台。

鸦片战争之前的近200年的时间里，除了清初镇压李自成等农民起义军队及各地抗清复明斗争历时近20年外，未出现过全国性的战争和剧烈的社会动荡。而明代，北疆累遭蒙古骑兵突袭蹂躏。浩大长城工程及包括明成祖五次出塞亲征在内的一系列对蒙古军事行动，成为经济发展的沉重负担。此外，后金崛起，迅速扩张，明末25年中穷于应付，不得安宁。倭寇侵害东南沿海，经济受害甚巨。清代宦官收敛，朋党不盛，而明代刑余之人嚣张，朋党猖獗，朝政几近乌烟瘴气。在稳定的社会环境下，经济发展，人民安居乐业，科技进步才有保障。兵连祸结，朝政败坏，只能阻碍经济和科技发展。封建统治者的政治视野、政治勇气、个人爱好兴趣，乃至身体健康状况，都与科技发展相关联。康熙在这几方面的作用都产生正效应。明代中国科技就已落后于西欧。要改变这一现状，就应引进、学习一切外来先进科学技术，拿来为我所用。然而，清初东南沿海抗清斗争又迫使清廷必须海禁，这就决定了中外交流渠道的狭窄性。于是，西方传教士这一交流媒介越显重要。康熙提拔传教士南怀仁，命制新炮以平三藩；他发挥传教士外语优势，命其参与《中俄尼布楚条约》的谈判；他利用传教士地学、数学、天文学知识，令其绘地图、编书籍。康熙并不以传教士来华带有政治目的而因噎废食。他的态度是，只要传教士守法，只要传教士不干涉中国人祭天、祭祖和祭孔教，就允许其传教，从而较好地解决了学习西方科技与维护主权和体制的矛盾。这的确需要较高的政治素质。

康熙兴趣广泛，勤奋好学。这就必然使西方科技更能引起他的重

一、清代科技概述

视。他忙里偷闲，于繁重政务活动中向传教士学习数学知识，且知难而进，锲而不舍。对知识的偏好，会导致对传教士这样拥有知识的人才采取较为宽容的政策。他对清代大数学家梅文鼎等人也很赏识和爱护。雍正、乾隆虽也不失为一代英主，但对自然科学却兴趣索然。离开了最高统治者的大力提倡和身体力行，康熙之后西方科技东渐势头骤减，也就不足为怪了。

鸦片战争前的几位皇帝为政勤勉，励精图治，这也是保证社会稳定、促进经济和科技发展的有利因素。康熙自不待言，雍正虽然对政敌冷酷有余，治国安邦的确也是好手。乾隆自称十全老人。嘉庆、道光固属守成君主，倒也兢兢业业，道光更是节俭得出了名的。与之相比，明代皇帝成器者委实不多，恋老妇，迷道教，喜木工……不一而足。清代几位皇帝除顺治、雍正在位稍短外，其他人都执政几十年，故鸦片战争前的近 200 年中只换过六位皇帝，而明朝却在相同时间内换过十二位。专制条件下统治者的更迭，往往与政治震荡甚至社会动乱相联系。明成祖篡位，明英宗复辟，足堪说明。然而，鸦片战争之前的清代科技发展却也表现出明显的缓慢与落后。

在此期间欧洲科技的重大成就几乎是不间断地出现。英国人哈维（William Harvey，1578—1657）与胡克（Robert Hooke，1635—1703）于康熙四年（1665）首次提出细胞概念。不久，荷兰人列文虎克（Antony van Leeuwenhoek，1632—1723）用显微镜首次观察到细菌。英国人波义耳（Robert Boyle，1627—1691）于顺治十八年（1661）发表《怀疑派的化学家》，明确提出元素的定义，并进行化学分析。牛顿的贡献更为突出，1666 年（康熙五年）推出万有引力定律，创立科学的天文学；21 年后（1687），又发表《自然哲学的数学原理》，首次阐述牛顿力学三定律，奠定了经典力学基础。蒸汽机在英国发明，带来欧洲工业革命。机器广泛应用于生产领域，轮船问世，蒸汽机车发明。欧洲科技日新月异。与之相比，同期清代科技不仅重大的、具有世界意义的成果不多见，而且科学专著还局限于记载和描述现象，缺少理论的升华。

鸦片战争之前清代科技发展的缓慢和落后，取决于多方面因素。这种缓慢和落后其实并非始自清代，16世纪时落伍进程即已露端倪，故而，许多明代制约科技发展的因素，在清代仍是科技进步的障碍。此外，清朝特有的某些政策和措施，也束缚和阻碍着科技的发展。

鸦片战争之前的中国社会，依然是封建的自然经济占主导地位。全国人口中的绝大部分居住在农村并从事农业生产劳动。他们日出而作，日落而息，一家一户就是一个基本的生产单位和消费单位。小农业与家庭手工业牢牢地结合在一起，很少与市场发生联系。一个生产力水准低下的农业社会，是无法给科技提供强大的发展动力的。而同期的欧洲尤其是英国，相继完成了农业资本主义原始积累和工业革命，科学技术自然获得动力而日新月异。封建地主土地制度是农业社会长期延续的重要条件。无论清代初年采取了怎样的缓和地主阶级与农民阶级对立的措施，也不管清代初年自耕农数量有了怎样的增长，丝毫改变不了延续两千年之久的封建土地制度。特别是与西欧相比中国独有的土地可买卖制度，更为地权高度集中提供了条件。事实上，清朝建立伊始，土地兼并就一时也未停止过。及至乾隆年间，拥有几十万亩，乃至百万亩膏腴美田的大地主已非罕见。道光时的直隶总督琦善的土地竟多达256万亩。地主垄断土地的结果，致使其可以恣意抬高封建地租，从而加重对无地、少地的农民的盘剥，不仅全部占有农民的剩余劳动，甚至部分地攫取了农民的必要劳动。一方面，地主不劳而获的现实把社会上更多的货币资金吸引到封建地租剥削上来；另一方面，农民为了维持起码的生存，越发要千方百计地增加家庭手工业和其他副业的生产量。于是，封建土地制度和落后的封建自然经济得以长期存在。此外，农民因备受压榨，不仅无力扩大再生产，就是简单再生产都难以维持。他们不能进行农业的资本集约和技术集约，只能依靠劳动集约，这就决定了农业发展潜力的有限性。低下的农业劳动生产率，使得农业无法更多地向城市提供商品粮及其他农副产品，无力供养更多的非农业人口。城市发展缓慢，也就制约了科技的进步速度。

鸦片战争之前清代的人口状况也不利于科技的发展。有关人口质量对科技的作用，将在科举教育一项中分析，这里仅从人口数量上加以探讨。明代全国人口在洪武二十六年（1393）为5365万余人，而到了清代乾隆五十九年（1794），全国人口已达31328万人，及至清代道光二十年（1840），竟猛增至41281万人。人口激增，固然是经济发展和社会安定的结果，但反过来却制约着科技的进步。这种制约作用表现为两方面。第一，农村无地、少地人口过多，意味着封建地主出租土地处于有利的地位，可以最大限度地压榨贫苦农民，从而阻碍农村、城市乃至全社会的发展与进步。第二，众多劳动人手，使得改进技术的动力大为减弱。手工场主只要增加廉价雇工的数量，即可带来生产总量的扩大，自然无兴趣于必须提高物质技术水平才会有的级差利益。人多地少，也导致农民更重视劳动的投入，失却了追求某些先进技术的迫切感。当然，人多地少也有利于精耕细作技术的发展。这是问题的另一方面。

清政府是封建政权，它从维护和巩固封建统治的基础考虑，更希望人们固守在土地上从事农业生产，人民不愁衣食，社会自然稳定，政府的税收来源也有保障；况且人们被束缚于土地之上，老死不相往来，没有思想的交流，也有利于思想统治。清政府继承了历代封建王朝重农桑、抑工商的政策。清政府直接限制商品生产的规模。如云南铜矿，因政府铸币所需不得已允许私人开采，但又实行"官给工本"或"收铜归本，官自售卖"等措施，致使开采者无利、少利可图，甚至亏本。对云南非铜矿的其他矿藏，更实行全面封禁。对棉花的种植规模，也曾规定一顷以上土地只允种棉一半，其余必须为稻田。清初限制南京机户拥机不得逾百，虽未成功，但也反映了封建政府从本质上是敌视大规模商品生产的。清政府还以重税来阻碍商品经济。云南铜矿铜税高达 20%。各地关卡林立，税目繁多，商品流通备受其苦。清政府厉行闭关政策，更从根本上阻隔了中国商品走向世界的通道。商品经济受到摧残、压抑，资本主义萌芽生长环境险恶，科技进步也就失去了有力的依托。

科技发展需要大批人才作保障，而人才的培养又依赖于教育。清代的教育不能胜任培养科技人才的使命。清代的学校也不外乎京师国子监、府州县学、社学及乡里私塾诸种。众多的人口，少有的教育机构，农民的普遍贫困，本已把相当数量的适龄者拒于学校门外，教育的内容更与科技关联甚少。清代也实行八股取士的科举制度，考中者委以官职。于是，读书做官便成了几乎全体学子梦寐以求的目标。考试内容出自四书五经，答卷不得阐发自己见解，只能依指定注疏发挥。于是乎，各级学校便成了灌输四书五经的场所，所谓受过教育、有文化不过是懂得四书五经的同义语，科技知识因与科举无关而备受世人冷落。缺乏科技人才，科技无法发展。晚清严复抨击八股科举制度有"锢智慧""坏心术"和"滋游手"之弊，确属破的之语。

如果说上述诸种制约科技进步的因素属于清政府继承先朝遗产的话，那么闭关政策、文字狱及考据之学则是清政府阻碍科技发展的三大独家发明。

科技没有国界，科技的发展依赖于包括国际之间的广泛交流，当一个国家科技已落后于他国时，这种交流尤显迫切。然而，清朝定都北京伊始，直至鸦片战争的近200年间，竟紧闭国门，几乎切断了与外国的科技文化联系。清初的20余年厉行"迁海令"，尽管意在镇压抗清斗争，但完全停止了沿海与外界联系，丧失了学习西方的大好时机。康熙皇帝本人较有政治远见，也不乏政治勇气，先后在康熙二十二年（1683）和康熙二十三年（1684）废除"迁海令"和开放沿海四口对外通商。这固然有利于中外交流，但偌大中国，仅有四个开放口岸，且开放幅度又很小。及至乾隆二十二年（1757）关闭三口，仅余广州一口通商，便是不折不扣的紧闭国门了。清朝统治者闭锁国门，对贸易商品种类、数量严加限制，对中外商人接触倍加防范，根本起不到抵御侵略的作用，只能是保护落后，自我封闭，坐井观天，盲目自大。一方面，放弃国际市场，使商品经济发展受到束缚，不利于科技进步；另一方面，中外直接的科技交流也无从谈起。欧美日新月异的科学技术被拒于国门之外，而清朝统治者却严禁中文书籍出口以防失密。多么可悲的闭关政策啊！

科技的繁荣需要有一个宽松、自由的政治环境。在这样的环境中，人们思维活跃，不受清规戒律的束缚，有利于激发积极性和创造精神。春秋战国时期出现的"百家争鸣"局面，正是植根于这样的环境之中。欧洲文艺复兴以来封建专制主义受到猛烈冲击，人们思想获得前所未有的解放，从而推动了科技的发展。然而，清代中国却笼罩在一片政治高压之中。清政府屡兴文字狱，搞得人人自危，噤若寒蝉，独立思考和自由创造已无可能，何来科技的迅速发展？满族入关前经济、文化发展水平大大低于汉族，又是以武力入主中原，因此清朝统治者特别敏感汉族知识分子宣传蔑视和反抗清王朝的思想。一经发现，即视为大逆不道，以极刑惩治，满门抄斩，株连九族。清朝皇帝把兴文字狱当成管束思想的法宝，屡用不辍，甚至穿凿附会，捕风捉影。顺治为始作俑者。康熙也是文字狱的热衷者，其兴"明史案""南山集案"，罗织罪名，草菅人命。雍正、乾隆已近于神经质。"维民所止"的试题本取自《诗经》，却疑其出题人欲杀雍正之头；作"清风不识字，何故乱翻书"诗句，即为诋毁清王朝。知识分子唯有远远逃避现实才有安全可言。

清政府一方面以文字狱为杀威棒，打得知识分子对社会现实问题不敢关心和过问；另一方面又力倡考据和整理古籍，把学术界导入复古的狭小天地中。本来，考据学在清初兴起之时，除了是学人们逃避现实的选择外，也包含着对宋明理学虚无空洞说教的批判，故尊崇和提倡汉代对经学的解释，倡行汉朝儒生训诂考订的治学方法，贵朴素，重证据。清朝统治者很快就发现考据学可用之笼络文人，粉饰盛世，巩固专制统治。于是清政府组织编纂大类书、大丛书，如康熙时编纂了《古今图书集成》一万卷，乾隆时编纂了《四库全书》约八万卷。乾嘉之时，考据学进入鼎盛时期。考据学自有它的历史地位，如鉴别、搜集、整理了大批古代文献，初建了中国文字学和音韵学体系，功不可没。但清廷利用和倡导考据学也达到了维护统治的目的：借编纂类书、丛书之机，销毁大量反清文献；扭转了学风，使学人不问世事，埋首于故纸堆中，为考据而考据。于是，留心时事，忧国忧民之士就更少了，科技受人冷落也就很自然了。

鸦片战争到清政府覆亡，是清代科技发展历史上的突变与滞缓并行时期。在这 72 年的时间里，科学技术有了质的飞跃，西方近代科技传入中国并有了某些发展，某些传统科技领域也有所突破和创新。与此同时，科技的发展又表现出缓慢乃至停滞的特点。

资本主义近代大机器工业从无到有在中国大地出现并有所发展。最早的机器工业是外国人在中国创办的。19世纪40年代，英国人在香港和广州黄埔投资修造船坞，开中国境内近代工业之先河。50年代，随着上海取代广州成为中国贸易中心，外国人便把兴办船厂的重点移向上海。咸丰六年（1856），上海吴淞一造船厂建造的轮船"先驱号"下水。60年代起，外国人又在中国通商口岸创办农产品加工工业，如咸丰十一年（1861），上海怡和纺丝局完工开车，初有缫车百部，二年后增至300部。中日甲午战争清政府战败，被迫签订空前丧权辱国的《马关条约》，正式允让外国对华资本输出的特权。于是外国人在中国兴办工厂、开采矿山便以空前的规模进行着。外国人对城市煤气、水电等公用事业的投资，自60年代起也迅速扩充。如上海、天津、广州、武汉等沿海、沿江半殖民地城市，以及香港、大连、青岛等殖民地城市，都是外国资本投入较多的地方。全国最早的煤气厂是在上海租界内建成并供气的。发电厂于光绪八年（1882）在上海租界建成并发电，仅比英国最早的发电厂晚一年。

　　属于中国自己的资本主义近代工业产生于咸丰十一年（1861）秋冬之交，以曾国藩创办安庆内军械所为标志。这是中国资本主义近代工业的开始，也是中国官办近代工业的发端。在其后的30多年时间里，清政府官办、官督商办的近代企业得到了较大的发展。军事工业完全为官办，江南制造局、马尾船政局、金陵机器局、天津机器局等，都是当时有名的大企业，设备也较先进。民用工业基本上是官督商办，产生于19世纪70年代，较重要的企业有上海织布局、汉阳铁厂、湖北纺纱官局等。

　　自19世纪70年代起，清政府还着手兴办了近代交通、通讯及采矿等业，包括拥有轮船30艘并进行长江航运的轮船招商局、天津电报总

局、唐胥铁路、津沽铁路、开平煤矿、云南铜矿、漠河金矿等。

　　同治十一年（1872）华侨商人陈启源在广东南海开办继昌隆缫丝厂，成为近代民间私人资本独资经营创办机器工业的嚆矢。甲午战争后，随着外国对华资本输出规模急剧扩大，清政府被迫放宽对私人资本的限制，网开一面，从而使非官办、非官督商办系统的民间私人资本主义工业得到一定发展。20 世纪初，私人资本主义工业得到进一步发展。虽然这些工业企业普遍规模小，但与传统手工业相比仍是质的飞跃。

　　农业中也出现了新的近代农业机械和近代农业生产技术。光绪二十八年（1902）至中华民国元年（1912）全国有百余家农牧垦殖公司，其中有些是资本主义农场性质的，使用农机、农药、化肥等近代科技。

一、清代科技概述

近代数学、物理学、化学、地学、生物学、医药学等科学，也都在鸦片战争后不同程度地传入中国，李善兰、华蘅芳、徐寿等人在引进和传播近代科学理论方面做出了卓越的贡献。专门的译书机构、专门的科研机构、专门的学术性团体、专门的学术杂志，以及西医院等，都陆续建立起来。

传统科技领域仍有所发展。中医学在鸦片战争后的一段时间里，各科都有一些较好的著作问世。农业的耕作技术、手工工具等，也都有所改进。传统手工业技术也有所创新。

鸦片战争后清代科技的突变，是由多种因素决定的。

鸦片战争摧毁了清政府长期锁闭的大门，包括鸦片战争在内的列强多次侵华战争，迫使清政府签订了丧权辱国的不平等条约。不平等条约为列强经济侵华提供了诸多特权。列强把中国当成商品市场、原料产地和资本输出场所，凭借机器工业较高的生产率和不等价交换，把众多的中国小生产者拉入商品经济的大潮，占有他们的剩余劳动乃至一部分必要劳动，促使相当一部分小生产者破产失业，丧失生产资料，成为赤贫如洗的劳动者。这就在客观上为中国境内出现资本主义近代工业、矿业、交通业，准备了商品市场、货币财富及自由劳动力市场。历时14年的太平天国农民大起义，极大地冲击了封建土地制度，促使小农经济大发展，从而进一步推动商品经济的繁荣。

鸦片战争的炮火，无情地摧毁了传统士大夫及绝大多数中国人妄自尊大、天朝上国的梦幻，促使人们去探寻克敌制胜、富国强兵、振兴中华的道路。甚至还在鸦片战争酝酿和进行之际，时为钦差大臣、两广总督的林则徐就组织人力翻译西书，了解外国，成为近代睁眼看世界之第一人。魏源战后在林则徐所辑《四洲志》基础上，著《海国图志》，提出"师夷长技以制夷"的战略思想。太平天国后期主要领导人之一洪仁玕于咸丰九年（1859）提出政治经济改革方案《资政新篇》，明确表示要发展资本主义近代工业、交通、金融、邮政等事业。咸丰十年（1860）冯桂芬所著《校邠庐抗议》出版，提出中国在人才使用、资源利用、名实关系、君民关系等四方面"不如

《海国图志》

《海国图志》是一部介绍西方国家的科学技术和世界地理历史知识的综合性图书。作者主张学习西方国家的科学技术，提出"师夷长技以制夷"的思想。

夷"，要求学习西方科学技术。19世纪70—80年代，以郑观应为代表的一大批改良主义思想家，更是积极著书立说，要求学习西方，发展资本主义工商业，特别是发展私人资本，并进行政治改革，实行君主立宪。康有为等人发动"公车上书"和戊戌变法，正是一场变封建政治、经济制度为资本主义政治、经济制度的实践运动。孙中山于光绪二十年（1894）即开始进行革命活动，立志推翻清王朝，建立富强、民主的资产阶级共和国。正是上述进步思潮与政治运动，迫使统治者调整统治政策，客观上为资本主义工商实业和科学的进步发展准备了条件。

洋务运动是晚清科技史上重要里程碑，极大地促进了科技的突变和发展，而洋务运动本身正是继承林则徐、魏源"师夷长技"思想传统的结果。只不过洋务派在19世纪60年代把"师夷"当成对付农民起义的手段。进入70年代，随着民族矛盾日益尖锐，洋务派始把"师夷"用为反侵略的武器来运用。"师夷长技"镇压太平天国为首的农民起义，

政治动机是反动的，但客观上却因引进机器工业生产技术而使中国开始了近代科技的进程。70年代之后，"师夷长技"反侵略，动机无可指责并进一步促进了近代科技的发展。洋务运动最初着眼于军火工业，后因支撑军火工业，尤其要在经济上求富以反抗外国经济侵略，又大力兴办民用工业及交通、通讯、矿山等事业。先进的技术较大规模地引入中国。搞近代化需要人才。于是洋务派又兴办教育，有了幼童赴美留学，有了留欧学生的派遣，有了外语、电报、矿务、铁路、商务、医学等学堂。科技人才队伍随着各类学堂的兴办而渐具规模。洋务运动还起到了示范作用，一批私人资本近代工业也出现了。洋务运动引进了近代科技，培养了人才，发展了教育，开通了风气，壮大了中国的经济实力，延缓了半殖民地进程，对近代科技进步是非常有利的。

清政府从光绪二十七年（1901）开始进行的"新政"，是促进晚清科技进步的又一重要因素。"新政"的基本内容，都是"百日维新"期间颁谕实行而很快被那拉氏所扼杀的。但历史趋势不可能长期违反，清王朝要生存，必须对时代潮流有所适应。况且，孙中山民主革命学说影响日益扩大，清王朝要以开明形象加以抵制，也需政策调整。在"新政"中，清政府为私人资本主义工商业的发展提供了更多的权益，从而为增强国力、促进科技进步带来新的动力。据统计，"新政"期间兴办的私人资本近代工业规模之大、数量之多，是清代任何一个时期也无法相比的。"新政"中废科举、兴学校、鼓励留学等措施，更直接促进科技进步。光绪三十一年（1905），清政府下令"立停科举"。于是，束缚人们思想达1300多年的科举考试制度永远地结束了。创办新式学校达52500所，学生总数达160万人。以留日学生为主体的留学生队伍也不断扩大，光绪三十二年（1906）仅留日学生就达8000余人。近代知识分子群体的出现和壮大，为科技准备了人才力量。此外，清政府还颁行奖励发明创造的政策，比如规定："凡能制造轮船、电机等新式机器的，奖以四品至二品顶戴，三等至一等商勋；凡能将中国原有工业技术翻新花样、精工制造的，奖以五品至六品顶戴，四等至五等商勋；对在技术钻研上确有成就或有发明创造的，给予破格优奖。"从而直接推动了科技的发展。

鸦片战争后清代科技发展也有其滞缓的一面，具体有以下表现。

基本上是在引进和传播近代科技，虽然在此过程中也不乏某些发现和创造，但与世界重大科技发展无缘。19世纪末和20世纪初，世界科技史不断谱写新的篇章，第二次技术革命进入高潮。电力革命、炼钢方法革命、热能动力革命、人工有机合成技术革命及土木建筑革命等纷纷问世。物理学领域又有一大批新的发现：阴极射线的发现、X射线的发现、放射性的发现、电子的发现、光电效应的发现、"量子特性"的发现等。在这些研究和发现的基础上，以相对论和量子论的诞生为标志，发生了著名的物理学革命。在这样一个科技领域天翻地覆的时期，中国的科技未能跟上步伐。

工农业生产技术仍然相当落后。从总体上看，采用机器进行生产的近代企业在中国社会中不过是沧海一粟。宣统三年（1911）中国工业经济中新旧成分之比为 1∶7.6。除了东部沿海地区近代工业比较集中外，广大内地和边疆地区近代工业寥寥无几，基本上还停留在个体手工业、作坊或工场手工业状态。在具体的企业中，投资少，设备简单，是很普遍的现象。在农业生产领域，使用农机、化肥和农药者更如凤毛麟角。

交通、通讯、城市基础设施等方面也相当落后。光绪七年至宣统三年（1881—1911）共筑铁路 9618.1 公里，基本上分布于东部地区。广大内地和边疆地区，没有铁路，没有近代意义的公路，绝大部分城市中缺乏各种起码的基础设施。

封建制度是此时期科技滞缓的重要因素之一。封建地主土地制度仍然占据主导地位，苛重的地租压得农民喘不过气来。农业生产技术的改善失去动力。农民的普遍贫困，又难以促进城市资本主义经济的健康发展，整个国家无法摆脱落后状态，科技进步也失去了有力的基础。封建统治者为了维护自身利益，在 19 世纪 60—90 年代的 30 多年中，只重视官办近代企业发展，而忽视甚至压制民间私人资本的发展。封建统治者长期死抱"中体西用"的僵死教条，拒不进行政治变革，迟至清廷覆亡前七年才废除封建科举制度，从而贻误了科技发展的时机。封建专制制度是与腐败相联系的。仅有的少量科技人才得不到发挥才干的机会，如容闳本是近代中国最早留美归国的品学兼优的人才，长期不受重用，甚至因呼号变法而受通缉。华蘅芳、徐寿等人也始终未受重用。官办企业大都存在着机构臃肿、人浮于事、办事人员贪污贿赂，以及生产效率低下等弊端。决策过程中长官意志、脱离实际的现象更是屡见不鲜。汉阳铁厂筹建过程中在选址、选炼钢炉问题上的重大失误，充分说明外行瞎指挥对于科技发展和经济建设的危害性。

外国资本主义对中国的侵略同样严重阻碍着科技的进步。外国拥有侵华特权，中国企业在商品销售、原料购买和投资场所等方面面临着不公平的竞争，备受倾轧。外国对华进行经济侵略和勒索战争赔款，导致中国长期贫困落后。外国的掠夺造成中国小生产者大批破产失业，而外国在华的少量投资，无异于杯水车薪，根本容纳不了众多失业人口。人口压迫生产力的结果，是地租更重，封建土地制度得到巩固，并吸引社会财富倒流，不是投资近代工商业，而是经营地租剥削。凋敝的经济，是不会推动科技繁荣的。

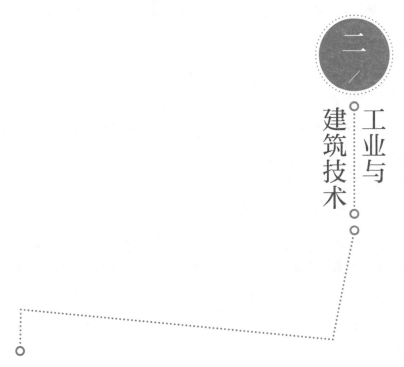

二／工业与建筑技术

（一）清前期、中期的工业技术

1. 矿冶、铸造及军火

清代前期和中期的矿冶生产，比之明代有了进一步的发展。云南铜矿的发展最为突出。

清代雍乾时期（1723—1795），由于清政府铜质制钱所需及进口洋铜减少等原因，对云南铜矿及各地铜矿开采给予较宽松的政策，故云南等地铜矿发展迅速。如果说雍正二年（1724）云南产铜还仅 100 多万斤的话，那么乾隆三十一年时（1766），年产量已超过 1400 万斤。云南铜矿采冶在全国经济中具有非常重要的地位。

炼铜技术此期更加完备。矿砂采出后，在入炉前须经几道工序。夹石者捶碎，夹土者淘净，更要讲究配矿，以使矿砂入炉易熔。如果上述工作正确合理，便可"一火成铜"，即炼一次便成净铜。炼炉称"大炉"，高一丈五尺，底长九尺，宽二尺多，底深二尺多。炉壁用土砌，厚度一尺多，炉内壁以胶泥与盐泯实。炉有四洞，分别为加炭加矿的火门、钳揭铜饼的金门、接通风箱的风口和观炉内火候的红门。

为"一火成铜"，次级矿砂须先行锻过，才能入大炉炼铜。窑与炉为锻矿设备。小窑高尺余，大窑可达五六尺。炉分将军炉、纱帽炉和蟹壳炉几种。蟹壳炉矮些，高1丈多，宽为高的一半，而将军炉与纱帽炉均高二丈多，宽为高的十分之四。

炼铜时，先把矿砂与木炭相间入大炉，炭燃，矿熔沉流于炉底，可揭取。视矿性不同，在揭矿时以米汤或泥浆水浇泼矿液，使其凝结一层。揭出后则淬然入水，铜饼可成。揭一、二层后未尽渣滓，称为毛铜；三、四层后为紫板铜。紫板铜在蟹壳炉重炼一次，即为蟹壳铜。百斤紫板铜出蟹壳铜80斤，含铜90%，为云南最纯铜料。毛铜则入大炉重炼。

有的矿砂较易锻炼，则先在窑中煨烧两次，再在炉中煎炼，揭得黑铜，黑铜再入蟹壳炉炼一次，即炼得蟹壳铜。有的矿砂难熔，程序就愈繁：先于大窑锻一次，再配以青白带石入炉煎炼，成冰铜；再入小窑锻七八次；复入大炉炼得紫板铜；最后在蟹壳炉炼得蟹壳铜。

镍铜合金即白铜的故乡在中国，而长期以来，云南又是它唯一产地。清代云南白铜生产虽仍用点化法，但规模更大，已有专厂生产白铜，定远县（今牟定）有大茂岭白铜厂、妈泰白铜厂，大姚县有茂密白铜子厂。中国白铜生产在18世纪与19世纪间，启发和促进过西方近代化学工艺的发展。

在采铁冶炼方面，广东是最发达的省份之一。明代铁矿区基本集中于潮州府，而清雍乾后则因新矿区增加而扩展到肇庆府的几个县。

所用冶炼生铁的大炉，其状如瓶，底厚3.5丈，高约1.8丈，壁厚2尺余，并有两扇门式鼓风设备，炉体大于明代最大的遵化冶铁厂的冶炉。铁矿入炉，与坚炭相杂，且无须人力搬运，而是"以机车从山上飞掷以入炉"，此处"机车"，似应为利用山体坡度进行运输的一种简单机械。广东生铁，以罗定大塘基炉铁最佳，称为锴铁，为各种工具、用具最好原料。

在金属器具制造方面，佛山铁器工业堪称全国的中心。广东各地铁矿炼成的生铁，均输至佛山镇。这些生铁，一部分被铸成铁锅。佛山镇生产的铁锅，制作精良，甲于他处，"贩于吴、越、燕、楚"，售于雷州、琼州，还大量出口到南洋各国，如在雍正七、八、九年（1729、1730、1731），

佛山

佛山是广东省第三大城市，历史上是中国天下四聚、四大名镇之一。

夷船"所买铁锅，少者自一百连至两三百连不等，多者买至五百连，并有至一千连者"（"每连大者二个，小者四五六个不等"）。佛山镇铁器工业品中，铁锅制造为最大一种。芜湖有制铁画者，嘉庆《芜湖县志》对此有记载："有锤铁为画者。冶之使薄，且缕析之，以意屈伸，为山水，为竹石，为败荷，为衰柳，为蜩螗，郭索、点缀、位置，一如丹青家。"苏州与广州，造钟较盛。一般认为，康熙年间（1662—1722）开始制造中国以12时辰报时的时钟，此种时钟以坠力为动力，以子、丑、寅、卯等12时辰来计时。乾隆五年（1740）清廷设立造办

处，造办处有 42 个作坊，其中有专门制钟的"造钟处"，产品供皇家御用。

军火工业方面。中国本为火药的故乡，西传欧洲后有力地促进西方近代文明的孕育和发展。明末清初，西欧火器已经领先。明军与后金交战，即购置先进的红衣大炮。三藩之乱发生，康熙皇帝（1654—1722）命令在华比利时传教士南怀仁（Ferdinand Verbiest，1623—1688）修理旧炮，后又令其铸造新炮。康熙十四年（1675），新炮试放有效。之后的两年中，南怀仁监铸大炮 120 门。康熙十九年（1680）之后的几年中，南怀仁又督造神威火炮 320 门，红衣大炮 53 门，这些武器在当时中国都是先进的。南怀仁还撰著了叙述铳炮原理的《神武图说》70 卷，包括理论 26 卷和图解 44 卷。除此之外，此时期清王朝军队所用武器及武器的制造技术，基本上没有什么大的变化和进步。

2. 制瓷

清代制瓷工业的成就，远远超过之前历代，与同期其他工业相比，也是一枝独秀。制瓷工业的中心，依然是江西景德镇。

康雍乾三朝，是中国制瓷工业的极盛时期。

康熙朝（1662—1722）的瓷器，在仿古礼器及前朝瓷器等方面，成就不俗。古礼器的尊、爵等类，墨床、砚屏、花器、庵壶之物，均摹制瓷器；宋、明瓷器精品，也进行仿制，足以乱真。此期瓷器釉色极多，而天青釉尤名声远播。天青一色，源于五代柴窑"雨过天青"，此时仿制，堪谓集天青大成。除天青釉外，尚有霁红、矾红、菊红、粉青、葱青、豆青、鹅黄、蛇皮绿等。各种釉色微凸器上，谓之"硬彩"。此期瓷器的装饰也甚考究，如山水、花木、鸟兽、人物等，或绘画，或雕刻，很显精美。其中绘画，有的还配有名人诗句，如《赤壁赋》图文并茂，诗情画意，竟成一绝。

雍正朝（1723—1735）的瓷器釉色，发明有"胭脂水"及各种"软彩"（粉彩）。胭脂水瓷器，胎骨甚薄，里釉白，外釉红，粉红胭脂色极佳。粉彩瓷器，艳丽清逸均恰到好处，结合完美。

乾隆朝（1736—1795）瓷器品类更多，如饮食器具、供祭之物、文具、陈设装饰之物等，几乎无所不有。在传统精华保留的同时，还吸收欧洲、日本艺术。此时珐琅彩瓷器更发展至新的境界。

清代烧瓷技术达到前所未有的高度。在单色釉器方面，康熙时的苹果青、天蓝釉器，雍正时仿汝、仿官、仿龙泉等色，烧制火候已超越宋代水准。如青花、釉黑红瓷器，更超过元、明烧制水平。彩色釉器方面，康熙五彩瓷虽源于明万历五彩瓷，但明瓷崇凝重，康熙五彩追求清澈剔透。雍正时的胭脂水等粉彩，乾隆时的瓷胎画珐琅彩瓷，更是前代所未有的创造。

对釉的化学分析表明，清代瓷器的化学成分变化较大。在青花釉中，一氧化钙含量增加，釉灰量多于白釉，从而带来青花釉的效果。从含铁量来看，白釉与青花釉较高，故白黑泛青。所含铁以低价铁为多。

清代瓷器高岭土用量多，使瓷坯不易变形。制瓷原料淘洗精细，增加了瓷器的白度和透光度。

清代瓷器烧成温度能达到摄氏1310度。这种高温的好处在于，一是降低一氧

高岭土

高岭土是一种以高岭石族黏土矿物为主的黏土和黏土岩。因江西省景德镇高岭村而得名，其呈白色而又细腻，又称为白云土。

化钙含量，增加白度和光泽；二是胎质越发坚实。

清代釉色增多，单色釉也别具一格，技术原因即为较全面掌握釉药配方和较好地控制烧制火候。

谈起清代陶瓷工业的巨大成就，必须提到唐英（1682—1756）。唐英，字俊公，沈阳人。幼读乡塾，康熙年间通过供役宫廷养心殿而掌握诸多工艺。从雍正六年（1728）起，在近30年中，基本上实地负责景德镇瓷器的督造。他不满足于高高在上，而是钻研制瓷工艺，在提高制瓷技术水平上贡献颇著。他"深谙土脉火性，填选诸料，所造俱精莹纯全"。正因为他对生产技术非常了解，并在改进生产技术方面卓有建树，因此他有条件对制瓷工艺进行科学总结。雍正八年（1730），他编成《陶成图》。乾隆八年（1743），又按造瓷顺序逐项予以说明，请当时名画家和书法家为之绘图和书写，完成传世名著《陶冶图编次》，呈皇帝御览。字数不多，为4500字，对各道工序如采石、制泥、淘炼泥土、炼灰、配釉、吹釉、成坯入窑、烧窑、洋彩、束草装桶等进行了科学、准确、精练的记载，并配图20幅，真可谓一字千钧。是书后来传至欧洲。他有关著作还有乾隆元年（1736）完成的《陶成纪事》和幕僚编订的唐英诗文集《陶人心语》，书始成于乾隆三年（1738），续集成于乾隆十八年（1753）。同样是后人了解、研究景德镇制瓷生产与工艺的宝贵资料。中国古代制瓷工艺能在乾隆时达到登峰造极的高度，唐英应得首功，他善于仿古又精于创新，不愧是杰出的制瓷专家。

清代制瓷工业的巅峰期，在乾隆末年已呈跌势，嘉庆和道光二朝，终于衰落下来，虽然也不乏精品，但少于创新。

3. 纺织、造船

丝织技术有了新的提高。苏州多彩丝绸织花品种增加，其中重要的有妆花纱、妆花缎、妆花绢等，有的用十几种颜色织成。具体织制方法各有不同。妆花产品织制，有以十余把大梭同织；有以一把大梭织地纹，另以十余把小梭穿引色彩各异的丝绒和金银线织花。妆花纱则是在透明纱底上织出五彩加金的花纹。南京出产妆花绒与金彩绒。妆花绒又分妆花绒缎和妆花天鹅绒两种。妆花绒缎是在缎地上起彩色绒花，妆花天鹅绒则是在条纹暗地上起彩色绒花。金彩绒则是以金银绒织成地纹，然后起彩色绒花。织花小梭根据花纹界限，在花纹轮廓线内盘织，而非穿过全幅面。所织花纹，如同从幅面上挖出，故又称"挖花"。

此期较著名的丝织品还有：吴江产吴绫；通州的生丝织绢，结实耐用；湖州的绸、绫、纱、绉等。湖绸有散丝而织者曰水绸，纺丝而织者曰纺绸。绫有散丝而织的䌷绫及合线而织的线绫，以郡城之绫为最佳。纱有数等，其中包头纱只双林一处能织。广州的广纱甲于天下。广州还产剪绒，"其法颇秘，广州织工不过十余人能之"。

棉纺织业方面，江南苏松地区及河北、山东一带种棉甚广，故棉纺织业也很发达。清代棉纺织品中，江苏松江布知名全国，所出"精线绫、三梭布、漆纱、方巾、剪绒毯，皆为天下第一"。南京盛产紫花布。无锡之布轻细不如松江，但在结实耐用方面则超过之。河北棉纺织品也有名气，甚至可与松江匹敌。

清代的纺织工具也随着纺织业的发展而发展。江苏青浦县（今上海青浦区）金泽谢氏生产的纺车为名牌产品，此类纺车至少在乾隆时即已由谢家生产，"轮著于柄，以绳竹为之，旁夹两板以受柄，底横三板以为鼻，鼻有钩以著锭子。左偏而昂，右平而狭，持其柄摇，则轮旋而纱自缠矣"。锭子也以金泽所产为名牌，故有"金泽锭子谢家车"之民谣。

松江地区在乾隆年间所用弹花弓，长5尺余，弦粗如五股线，以槌击弦，将棉花弹松，"散若雪，轻如烟"，比之明代所用4尺多的竹弓蜡丝弦，弹力更大，从而提高了弹棉效率。此时松江所用纺车还从明代单锭手摇纺车改为多锭脚踏纺车，纺者右手解放，可增加锭数，提高纺纱效率二三倍。上海县（今上海市闵行区）使用此类脚踏纺车，"一手三纱，以足运轮"。相形之下，手摇纺车，一手转轮，另一手只能拈一纱。

清代造船工业受政治因素影响发展缓慢，特别是大型船只的建造和研究，更受到重重限制。清顺治十六年（1659）颁布迁海令，禁止渔船及商船入海，康熙二十三年（1684）虽然开放海禁，但又限制出洋船只仅能用双桅，梁头又不得超过1.8丈。清政府实行一口通商，且诸多限制，同样不利于远洋大型航船的发展。清王朝把巩固统治，防止人民与外界接触放在首位。如乾隆十二年（1747）清政府下令禁止福建造"觥仔头"船，理由为"桅高篷大，利于走风，未便任其置造，以致偷漏。永行禁止，以重海防"。大型船只既受限制，民间造船技术的提高，就只能体现在小型船只上了。沙船在明清两代均很盛行，而清代沙船建造技术有所发展。

沙船的优点包括四个方面。一是底平，于沙中稍搁并无妨碍，且吃水浅，潮水影响亦小；二是适航性好，在顺风或逆风、顶水条件下均可行驶；三是船稳，这不仅得利于船体较宽，而且还因为有披水板、硬水木、太平篮等保稳设备；四是驶速较快，因为它篷高、篷多、桅多，风力足，且吃水浅而阻力小。

明清沙船的基本特点一致，但清代又有发展改进。明代沙船面梁较重，而清代沙船在结构上朝轻捷方向发展。沙船一向桅杆使用杉木，到了清代乾隆时，"以松接杉"。明代沙船有二桅二篷、五桅五篷及三桅的，清代沙船则有四桅五篷、五桅五篷及二桅二篷的。明代沙船有布篷、篾篷，而清代以布篷为多。明代沙船用橹较多而长，用大橹 6 支，各 36 尺长；头橹两支，各 30 尺长，且用稠木制成。而清代沙船，有的用大小橹各一支，分别长 22 尺和 16 尺；还有的完全用风力而不用橹，是为沙船动力上的进步。

4. 伐木、造纸、印刷

清代伐木的运输工具，多用溜子与天车。在陕西采木，深入老林二百余里，运输已是问题。当时用溜子解决。据严如煜《三省边防备览》记载，其铺设方法："截小圆木长丈许，横垫枕木，铺成顺势，如铺楼板状，宽七八尺，圆木相接，后木之头，即接前木之尾。沟内地势凹凸不齐，凸处砌石板，凹处下木桩，上承枕木，以平为度。沟长数十里，均作溜子，直至水次。作法如栈阁，望之如桥梁。"到了冬天，则在外高中洼的溜子上浇水，使其结冰，"巨木千斤，可以一夫挽行"。

由于伐木作料之地，多设于山沟，人力拖木，度山越岭事倍功半，故采用天车。其法为：挖山梁，竖木桩二根，中横一木，安八角轮，绳担轮上，轮随绳转。再离安桩处数步，挖平地安转车，竖一根大桩，中安八角轮，一架平转，有柱八根，装于轮之八角。用牛皮绳一条，一头安轮上，将绳担过天车；一头扣住木料上的铁圈，再用畜力或人力，推挽转车，绳绕轮角柱上，木随绳上，转轮径长七八尺，高六七尺，绳长三百丈，"就山道之高

○ 铜活字
铜活字是以铜铸成的用于排版印刷的反文单字。《古今图书集成》这部保存完整的最大的类书即是铜活字印成的。

低，安车三四层，名曰天车"。

印刷工业方面，清代技术有所发展，集中表现在铜活字和木活字印书上。先看铜活字印刷的应用。康熙末年内府造有铜版，并印过天文历算方面书籍。此期最负盛名的铜活字版本，是内府铜版《钦定古今图书集成》，印成于雍正三、四年（1725—1726）。书以大小两号铜字印刷，质量上乘，字迹清晰。除上述内府铜版外，民间亦有铜活字印书活动，有福州林春祺"福田书海"铜版等至少四种铜版（包括吹藜阁铜版、常州铜版、台湾武隆阿铜版等）。林春祺用时21年，投资20多万两白银，雇人刻制铜字，及至道光二十六年（1846），已成铜活字40余万个。林氏出版了多种书籍，其中有顾炎武《音论》《诗本音》等。铜活字的制法，林春祺所著《铜版叙》中说是手工刻制而成。

再来看木活字印刷情况。清宫内府乾隆时曾以木活字刊印《武英殿聚珍版丛书》。木活字印刷非常流行，《红楼梦》首印本即为木活字印行。乾隆时内府木活字由金简制成。金简还编有《武英殿聚珍版程式》一书，细述木活字印刷术。清代之前铜活字印刷和木活字印刷不及清时多，可见清代印刷技术有了进一步发展。

此期泥活字亦应用。北京出版《京报》，即用泥活字印刷。乾隆年间安徽泾县水

木活字

木活字是用梨木、枣木或者杨柳木雕成的，因为取材比较方便，成本不高，制造起来又比较简单迅速，所以成为我国活字印刷史上常用的一种活字。

东人翟金生，秀才出身，以教书为业，时尚好古，对沈括《梦溪笔谈》所载泥印活板深感兴趣，乃专志于造字。在他四个儿子的帮助下，历时30年，造出坚致如角骨的泥字活版，"数成十万"。道光二十四年（1844），翟金生70岁寿辰时，由孙子、侄儿及学生帮助捡字、校字，将自己平时所作诗文、联语印出，为《泥版试印初编》2册。三年后，又排印了黄爵滋的《仙屏书屋初集诗录》。在毕昇所造泥活字散佚无寻情况下，清代仍有人造出泥活字，并以之印书，也反映了此期印刷技术的发展。另外，此事也澄清了中外某些学者对毕昇活字印书表示的怀疑和猜测。

此期也有用铅活字印书的，只是不甚普遍。这也说明中国使用铅字历史已久，所谓鸦片战争之后铅字才传入中国，是不正确的。

清代造纸技术在明代基础上进一步发展。关于竹纸制造的过程，明代宋应星《天工开物》对福建竹纸生产予以详细记载。清人黄兴三撰《造纸说》，对浙江竹纸的生产也记述颇详。黄兴三对竹纸技术"撮要十二则"，即折梢、练丝、蒸云、浣水、渍灰、曝日、碓雪、囊湅、样槽、织帘、翦水、炙槽。与《天工开物》相对照，竹纸生产技术基本相同，但《天工开物》未记曝日、囊湅二道工序，似应为浙江竹纸在明代基础上又有改进。

5. 井盐技术

清代井盐钻井技术的发展主要表现在补腔和打捞方面。之前四川盐井，均为裸眼开采，但随着井深增加，淡水渗漏和井壁坍塌日益影响生产。补腔，采用桐油和石灰材料，堵裂缝、补井壁。始于雍正年间，至嘉庆年间已臻于完善。凿深井时遇工具落失，清时已发明包括偏肩、柳穿鱼、五股须等几十种打捞工具，从而解决了这个难题。

在凿井方法方面。包括定井位、开井口、下石圈、凿大口、下木柱、凿小眼等工序的凿井工艺已形成。凿井的进度与深度直接取决于钻头和钻具。清代钻头称锉，远较明代齐全，有平地开井的鱼尾锉、凿小眼的银锭锉、处理弯井（井壁不光、包拱、井不圆）的马蹄锉、兼采银锭锉和马蹄锉优点的垫根子锉。此外还有处理井中走岩、遗竹等物的财神锉，以及特殊作业用的六楞子、八楞子、斗笠尖、钻子头、蜡烛头等钻头。在钻具方面，明时"以火掌绳钎末"凿井，即以火掌篾直连钻头。清时有了转槽子、把手和长条等。转槽子为约2米的铁条，包括球球、蛋壳、鸡脚杆、量天尺等几部分。把手由四块竹篾片组成。转槽子和锉的连接需靠把手完成。鸡脚杆可在把手内上下移动。转槽子与钻头间的相互运动，使工匠掌握钻头状态和井下情况。转槽子还有震击作用，可解除卡锉事故。可见，清代凿井技术已

燊海井

燊海井是中国古盐井，位于四川省自贡市大安区长堰塘。1988年，国务院公布燊海井为全国重点文物保护单位。

相当发达。道光十五年（1835）凿成的燊海井深达 1001.42 米，是当时中国钻井深度的最高纪录，也是 19 世纪中叶前的世界纪录。燊海井位于今四川自贡大安长堰塘附近，为天然气与黑卤兼产井。初产量为日产天然气 8500 立方米、黑卤 14 立方米，烧盐锅 80 多口。40 年后的天然气产量减少，烧盐锅与日产盐量分别为 20 余口和 3000 斤左右。

　　制取井盐的技术过程包括以下方面。第一步为汲卤。汲卤也叫推水，推水筒是由巨竹相连接而成，深井可容十余竹，与天车一般高，以篾系筒，篾端环绕车盘。筒入水盛满后，役牛转车盘以拽篾，筒乃升起。第二步为运输卤水。过去运输卤水多用人挑畜驮之法，效率很低。乾隆年间，普遍架设管道运输。管道以竹制成。选用斑竹或楠竹，打通竹节，连接即成。斑竹和楠竹管径大，质地结实，耐盐卤腐蚀。竹外缠竹篾，篾外缠麻，并渗以油灰，以收"外不浸雨水，内不遗涓滴"之效。以竹筒所置管道谓之笕，这些管道或沿山架设，或置河底，复以石槽。比之人畜，管道运输大大提高了生产效率。第三步为煮盐，为了除去黄卤水和黑卤水中的怪味（两种卤水中分别含有钡离子和硫酸根离子），采用黄黑二卤搭配之法，使硫酸钡完全沉淀，比例为 7：3 或 6：4。为了使盐色质更纯，还采用反串盐卤点豆花之法，即以豆浆清除卤水中高价离子，并使卤水中杂滓附于豆花之上。为了节时、节燃料，还采用"母子渣"法，加速卤水成盐（即另煮一水，下豆汁，澄清后即灭火，得盐花结成，则投入到另一已煮老澄清的锅中，盐即成粒）。为去盐中之硷，还采用"花水"洗涤法。"花水者别用盐水久煮，入豆汁后即起花之水也"，实为清净的饱和卤水。以其洗涤，硙出盐精。

（二）晚清近代工业技术

1. 造船

晚清中国境内最早的近代机器生产表现为船舶修造业。最早的船舶修造企业是外国人建立的。

鸦片战争后，外国资本主义以空前规模对中国进行商品输出、原料掠夺，以及掠贩中国人口，这些活动都是在东南沿海进行的。第二次鸦片战争后，中国被迫进一步开放，外国对中国经济侵略随之加强。于是，中国沿海城市先后建起许多外国人的船舶修造厂，为来华进行经济贸易等活动的船只提供修理服务，并制造船舶。

中国境内第一家船厂是道光二十三年（1843）英国人莱蒙特（J. Lamont）在香港所建，当年即装成一艘载重80吨的"天朝号"轮船。随后的二十多年里，香港船舶修造企业不断涌现。同治六年（1867）起，香港石排湾开始兴建巨型船坞，长400英尺，宽90英尺，深24.5英尺，船坞所属工厂设备齐全，有旋床、刨床、螺钻机、穿压机等，并以蒸汽为动力。同治四年（1865）一艘载重615吨、马力160匹的铁质暗轮轮船"道格拉斯号"下水，排水量之大为香港前所未有，而且暗轮装置^①在香港造船史上也是破天荒的。

广州也是外国人建立船舶修造企业较早的地方。道光二十五年（1845），英人柯拜在黄埔投资建起柯拜船坞。咸丰初年（咸丰在位时间为1851—1861），外商又在黄埔开办了三家船厂，其中英商于仁船坞公司和美商旗记船厂均有较大规模。咸丰六年（1856），旗记船厂便制成两艘轮船。19世纪60年代，黄埔外商经过竞争，剩下黄埔船坞公司、于仁船坞公司、高柯船厂和花娇臣船厂四家规模较大的

---

① 轮船式样有明轮、暗轮之分。明轮式样老，吃水浅而行速稍快，但易倾覆；暗轮式样新，行驶稍缓，但吃水深，船身稳。当时外轮已多用暗轮。

企业。黄埔公司拥有各种机床、抽水机及锅炉厂、炼铁厂、铁工厂和造船厂。

上海出现正规的船舶修造业是在上海取代广州成为全国贸易中心之后。道光二十六年（1856），美国人贝立斯在上海建厂并造出上海第一艘轮船"先驱号"，载重40吨，长68英尺，马力12匹。第二次鸦片战争后，长江被迫开放，上海这个长江出海口地位更显重要，外国人在上海所设船厂也迅速增加。其中成立于同治元年（1862）的祥生船厂，三年中建成两艘载重200吨、马力70匹的轮船，与另一家外资企业耶松船厂后来成为上海两大船厂。祥生当时以其实力雄厚而被称为"东方设备最完备的企业之一"。船厂有机工场、铁工场、木工场、锅炉房、铸工场等，机器则有车床、刨床、轧床、钻孔机、蒸汽铁锤等。

其他沿海城市如福州、厦门、天津、烟台等地，也先后有外国资本建立船厂的活动。

这些外国船舶修造企业，使用蒸汽动力，有各种机械设备，制造蒸汽轮船。这在中国领土上是全新的生产技术。

鸦片战争后外国蒸汽轮船来华增多，外国人在沿海城市中建厂造船以及第二次鸦片战争中英法联军的轮船所显示的威力，这些现实使中国人也积极努力，要建自己的船厂，造自己的轮船。商人甘章于咸丰四年（1854）曾在上海建甘章船厂，但仅是修船而已，是否使用机器也不得而知。

中国人自造的第一艘轮船是在同治二年（1863）。洋务派首领之一曾国藩（1811—1872）在镇压太平天国过程中，较早使用了西方新武器，从而急切地要创办军工厂来生产先进武器，以达剿杀农民起义和抵御外侮的双重目的。咸丰十一年（1861）秋冬之交，曾氏创办中国

曾国藩

曾国藩是中国近代政治家、战略家、理学家、文学家，湘军的创立者和统帅。他与胡林翼并称曾胡，与李鸿章、左宗棠、张之洞并称"晚清四大名臣"。

有史以来第一个新式军工厂——安庆内军械所。当时无锡人徐寿（1818—1884）、华蘅芳（1833—1902）受曾国藩聘请，到厂研制轮船。他们二人的造船知识来自上海墨海书馆咸丰五年（1855）出版的《博物新篇》第一集"热论"一章，该章对蒸汽机和轮船的工作原理有所介绍并有略图。他们还去长江停泊的外国轮船上考察。终于在同治元年（1862）夏末制成中国第一台实用性蒸汽轮机，它的结构与当时世界先进水平的往复式蒸汽机相类似，"以火蒸水气"，"火愈大则气愈盛，机之进退如飞，轮行亦如飞"。曾国藩观看试运转后即在当天日记中表达了喜悦心情："窃喜洋人之智巧我中国人亦能力之，彼不能做我以其所不知矣！"在此基础上，又进行船体的试制工作。同治二年底，终于制成一艘实验性小型木质蒸汽轮船。该轮长约二丈八九尺，航速每小时二十五六里。曾国藩于试航时坐在船头督看，并表示满意："试造此船，将以此放大，续造多矣。"虽然此轮船有"行驶迟钝，不甚得法"的缺点，但它是中国自己制造的第一艘蒸汽轮船，标志中国近代造船业的诞生。

徐寿、华蘅芳等人继续研制，又于同治四年（1865）在南京完成火轮船放大的试制工作，曾国藩命名"黄鹄"号。次年，"黄鹄"号在南京下关江面试航。该船重25吨，长55尺，蒸汽机为高压引擎，单气筒，直径1尺，长2尺。轮船回转轴长14尺，直径2.4尺。锅炉长11尺，直径2尺。船舱设在回转轴后面，机器设在船的前部。试航时速为顺流 28 里，逆流 16 里。上述两轮虽是机动船，但生产过程却大部是手工完成的，且属试验性质，非批量制造。故采用机器进行生产，并且批量制造，还需从江南制造局和福州船政局谈起。

同治四年（1865），曾国藩、李鸿章（1823—1901）在上海创办了江南制造局。从此，这个制造局便成为中国最大的船舶、机械及军火的生产企业。厂址初在虹口，同治八年迁至高昌庙。

江南制造局的设备是比较先进的。该局机器设备来源的第一部分是容闳（1828—1912）受曾国藩委托专程到美国购回的。容氏强调办工厂应讲求建立普通基础，应有"制造机器之机器"。曾国藩深以为然，因容闳曾在美国耶鲁大学毕业，故让他去美购买先进机器设备。容氏在美与朴得公司订约，该公司按标准承造。这批 100 余台机器设备同治四年运抵上海。第二个来源部分是李鸿章买下的美商在虹口的旗记铁工厂。该厂是上海外商铁厂中一家中型厂，主要业务是修造轮船。第三个来源部分则是李鸿章在与太平军作战过程中建立的上海洋炮局和苏州洋炮局的全部设备。应该说，分别花费 6.8 万两白银和 6 万两白银的前两部分设备在当时是比较先进的。后来又陆续添设备和扩大工厂规模。到了甲午中日战争之前，不仅已发展成为中国最大、最先进的近代企业，而且在东亚也首屈一指。

江南制造局到了光绪十七年（1891）已拥有 13 个厂和 1 个工程处。13 个工厂分别是：机器厂、木工厂、铸铜铁厂、熟铁厂、轮船厂、锅炉厂、枪厂、炮厂、火药厂、枪子厂、炮弹厂、水雷厂、炼钢厂。各厂职工计 2931 人，加上管理机构，全局人员 3592 人。

该局机器设备也很齐全，计有大小车床、刨床、钻床、铡床、辊床、制齿机、制螺丝机等各类工作母机 662 台；有大小蒸汽动力机 361 台，总马力 4521 匹；有大小汽炉 31 座，总马力 6136 匹。

该局成立后造的第一艘轮船下水时间为同治七年（1868）。船名初为"恬吉"，后改为"惠吉"，长185尺，宽27.2尺，马力392匹，载重600吨，配炮9门。该船船身仍为木质，锅炉和船壳为局内自造，机器为购买外国的旧机器加以改用，式样老，且为明轮。直至光绪十一年（1885）该局共造出8艘兵轮、7艘小型船只，计15艘。除"惠吉"号外，其余7艘兵轮情况大致为："操江"号，木壳暗轮，马力425匹，载重640吨，配炮8门；"测海"号，木壳暗轮，马力431匹，载重600吨，配炮8门；"威靖"号，木壳暗轮，马力605匹，载重1000吨，配炮15门；"海安"号，木壳暗轮，马力1800匹，载重2800吨，配巨炮20门；"驭远"号，木壳暗轮，马力1800匹，载重2800吨，配火炮18门；"金瓯"号，铁甲暗轮，配炮为后膛120磅弹子炮1门；"保民"号，钢板暗轮，马力1900匹，配克鹿卜炮8门。上述兵轮情况说明，多数吨位较小，又属木壳旧式，战斗力差；所造之船均为仿制，没有自己独立设计和发明；发展速度不快，前10年造7艘，后10年仅光绪十一年造一艘"保民"号；轮船机件装备国产化程度较高，如船壳、汽炉及暗轮机器，均系局内自造；从趋势上看，兵轮质量呈上升状态，越是后来生产的，马力、载重量越大，配炮先进而门数多，由木壳改进为铁甲、钢板。

如果江南制造局制造兵轮之路坚持走下去，前景是很可观的。但李鸿章等人认为造船花费太大（威靖、海安、驭远、保民四船分别费银11.8万两、35.5万两、31.8万两和22.3万两），质量差、时间长，于是转而从外国购舰，结果光绪十一年至甲午战争爆发的光绪二十年（1894），该局一舰未造。甲午战后，清廷内外交困，更无暇顾及造船。

义和团运动后，清政府实行新政，以图振作。江南制造局造船厂在停歇 26 年后，于光绪三十一年（1905）单独分立，名为江南船坞。分家后即着手扩大企业规模，改造生产设备。把原有泥船坞改为木质干船坞，并拓长加宽，坞底木桩加深，对一些必要设备如水泵等又予添置。改建后的坞身长达 375 英尺，面宽 75 英尺，底宽 60 英尺，储水最深度 18 英尺，已具备修造 4000~5000 吨船只的能力。新建了打铁厂和木工厂各一所。轮机厂急需的冲眼、法眼、剪铁、乳铁、弯铁、折角铁等机床得到添置，计 20 余台。为了便于停泊修造的船舶，又修坞东码头，填宽江边土地，改造沙滩，原有船台予以扩充，具有同时制造几艘 350 英尺长船舶的能力。在这个基础上，江南船坞对外承揽修造船业务。在造船方面，取得了新的成绩。

光绪三十三年（1907）至宣统三年（1911），江南船坞制造的 500 吨以上船舰的情况大致为：为招商局制造四艘，最大的为"江华"号，型式为双螺旋蒸汽机钢质，排水量 4130 吨；其余三艘均为钢质货驳船，一艘排水量 611 吨，另两艘均为 896 吨。为中国海军制造三艘炮舰："联鲸""永绩""永健"号，均为双螺蒸汽机钢质，排水量分别为 500 吨、860 吨和 860 吨。此外，还为津浦铁路局制造了两艘船，均为钢质方船，排水量一艘为 1120 吨，另一艘 764 吨。

这些船的技术水平和设计水平都有提高。"联鲸"号炮舰，全用柔钢制成，有两架三汽鼓回汽机，配有快炮、重机关炮等新式武器，暖气、电风扇、电灯、探海灯等新式装备也皆配齐，时速 14 海里。"江华"号是专用于长江运输的客货轮，时速 14 海里，载重大，吃水浅，煤耗低，船身轻且灵便、坚致，主机与锅炉也具较高技术水平。当时学术界、造船界对"江华"号均极重视，给予好评，认为它是中国所造船中最大、最好的一艘，是长江各轮之冠，在坚固性和实用性方面远胜过英商祥生船厂所造长江轮船。

江南制造局及后来的江南船坞，之所以能取得明显的技术成就和进步，其中原因之一，就是直接运用了外国的技术。容闳购买机器及收买旗记铁厂，所得均是外国先进设备。其后的 30 余年中，也陆续向外国添购机器设备，如炼钢机器就购自英国。再则是在技术设计和管理上，较多地使用外国工程技术人员。江南制造局确实用过不少外国人，包括原旗记铁厂厂主科而（T. J. Falls，也称佛而士），以发挥他管理近代企业的特长和经验。轮船厂的主管，是英国人裴兰。后来有人对购外国设备和聘用外国人持批评态度，认为授权柄于人，是买办化倾向等。其实，在当时中外技术力量相差极为悬殊条件下，中国要迎头赶上，白手起家，不这样做是不行的。可能在具体掌握的分寸程度上有失误，但大方向是正确的，非如此便无企业的发展。江南制造局下设学堂，也正是从培养本国技术人才着眼的。即便本国科技进步，也不能完全拒绝外国设备和外国人才。

左宗棠
左宗棠是晚清政治家、军事家、民族英雄，洋务派代表人物之一，其著作有《楚军营制》《朴存阁农书》等。

　　清代另一家大型造船企业福州船政局是同治五年（1866）由闽浙总督左宗棠（1812—1885）创办的，厂址设于福州马尾。左宗棠曾在同治三年命人试造小火轮一艘，驶行于西湖之上。他也是积极倡导中国近代化的人，是洋务派重要首领之一。该局于同治六年（1867）由林则徐的女婿、前江西巡抚沈葆桢（1820—1879）任总理船政。是局同治七年（1868）已初具规模。船政局工人通常有 2000

人，最盛达 3300 人。光绪元年（1875）时，船政局下属各厂及设备情况为：

铁厂。包括锤铁与拉铁两厂。锤铁厂有大铁锤 6 个，包括 7 吨单锤 1 个，6 吨双锤 1 个，2 吨单锤 1 个，1 吨单锤 1 个，300 公斤铁锤 2 个。大炼炉 16 座，小炼炉 6 座。拉铁厂有炼炉 6 座，展铁机 4 座，分别展铁板、制竖铁与弯铁、制小型铁件、制铜件。100 马力发动机 1 座。此厂年乳铁 3000 吨。

水缸厂。有 15 马力发动机 1 座，推动鼓风炉并动转两厂机器。

轮机厂。装有 30 马力发动机 1 座，能制造 500 马力蒸汽机。

合拢厂。厂房上层为绘图室。

铸铁厂。拥有 15 马力动力设备和铸铁炉 3 座，月铸件 90 吨。

钟表厂。厂分三部分，一制时表，二制望远镜，三制指南针。可制经纬仪、船用罗盘和高精度光学仪器。

打铁厂。生产修船造船小型铁件。有 44 座化铁炉，3 个 3 吨汽锤。

转锯厂。为船用部件造木模。

造船厂。有 3 个船台组。有 40 吨起重机 1 架。有铁船槽 1 个，可容龙骨长百米、排水量 1500 吨的船只。船槽系法国进口拉拨式船槽，属先进设备。

此外，还有各类车、刨、钻、压、碾、旋、拉、锯等机床。

设备完整，可与当时一些西方船厂相比，并远超当时全力学西方的日本造船工业水平。

船政局的设备还随着生产发展而改进。原有浮船坞，可修造 150 马力之船。后所造之船已达 2200 吨，旧船槽已不能胜任，乃在光绪十三年（1887）修建一大船坞，长 38 丈，宽 10 丈，深为 2.8 丈，前临大江。坞口潮平，深 3 丈余。工程曾因经费短缺而中途停工，直至光绪十九年（1893）才完工。船坞之大，可容北洋水师最大铁甲舰。

左宗棠、沈葆桢等人均极重视引进人才和培养人才。引进人才表现在聘用外国技术人员上。从创办之初到光绪三十一年（1905）先后三批招用洋员，有名可查者81人。他们多数努力工作，服从领导。如法人日意格（Prosper Marie Giquel，1835—1886）被沈葆桢评价为"经营调度，极费苦心，力任其难，厥功最伟"。培养人才表现在船政局兴办前、后学堂和培养学生以及选送留学生方面，出于斯的学生成才者甚多。晚清海军将领、驾驶员多为此处培养，邓世昌、刘步蟾便是其中之二。严复毕业于学堂，又出国深造，成为晚清名人。电报、采矿、铁路等部门均有学堂毕业生发挥重要作用。

福州船政局从建厂到光绪三十一年（1905），共造出兵商各轮40艘，其中商轮8艘，余为兵轮，成就是巨大的。首先，中国自造能力不断提高。前四艘"万年青""湄方""福星""伏波"号的轮机均购自外洋，自第五艘"安澜"号开始，轮机即由船厂自己制造。虽然仍是仿照外国样式，而且从绘图到制成还由洋员指导进行，但具体操作制造全由中国工匠，质量也不亚于外国同类产品，说明技术工艺水平是比较高的。

福州船政局的第二个成就是中国人也具备了自行设计的能力。"艺新"号兵轮于光绪二年（1876）下水，该船已跳出仿造阶段，"船身图式，为学生吴德章等所测算，而测算船内轮机、水缸等图则出自汪乔年一人之手"。福州船政局第三个成就是，在追赶世界先进水平方面有所进展。所制前19艘船，全为木质（或为木壳，或为木肋）；轮机马力较小，最多1130匹，仅2艘，余或为300余匹，或为500余匹；载重量普遍较小，最多1560吨，仅1艘，余多为1300余吨；船速较慢，时速多为10海里；配炮较少，最多为"扬武"号，配11门，余配炮由 4 门到 9 门不等。福州船政局在改变上述状况上做出很大努力，并取得了可喜成绩。后制 21 艘船，有 10 艘进步为铁胁，有 10 艘为钢胁钢壳，还有 1 艘为钢甲。马力方面，制成 6500 匹 2 艘、5000 匹 1 艘、2400 匹 6 艘、1600 匹 2 艘；吨数方面，已造出 2200 吨 3 艘；配炮方面，已有 12 门 1 艘、11 门 2 艘；航速方面进展较大，有时速 23 海里 2 艘、21 海里 1 艘、15 海里 3 艘、14 海里 4 艘、13 海里 3 艘、12 海里 1 艘。

福州船政局在晚清中国造船业中的地位是任何一个工厂不能相比的。

在晚清造船技术的进步过程中，还应提到国人自行试制内燃机动力船和潜艇。西方于同治元年始行试造内燃机，至光绪二年已获专利权。浙江临海人董毓琦（曾任知县，后调任江南算学局），于光绪二年提出试制内燃机动力船的设想："拟制气行轮船，无须用火，即能行驶。"所谓"无须用火"，即"不燃煤而行走"。他变卖家产，得银 3000 两，并得到沈葆桢万两资助。光绪四年试制成功。当年八月初十的《申报》报道："客有于初七日傍晚在四明公所相近之护城河中，见有华人新制之机器小船一艘长约丈余，可不燃煤而行走。唯其中机器以布蒙之，外人俱不得见。嗣有好事者以竹竿从岸上揭其布，船主秘不示人，急欲停止其机器。而不意机器猝被毁损，惜哉！"尽管其后试验未能继续，但董氏之举首开中国试制内燃机的纪录，是很有意义的。

光绪六年（1880），天津机器局一位不知名的科技人员，雇用若干工人，进行潜艇试造。开始"自备薪米油烛等费，并木料铁皮分投采买，不动该厂公项"。当年中秋节制成并试航，"式如橄榄，入水半浮水面，上有水标及吸气机，可于水底暗送水雷，置于敌船之下。其水标缩入船一尺，船即入水一尺"。尽管该船"灵捷异常，颇为合用"，但并未引起清政府的重视，故试验不了了之，对中国造船工业没有产生实际影响。

2. 机器制造

江南制造局收买的旗记铁厂，原来即有修造一般机器的业务。容闳自美国买回的设备，也都是一般工作母机。故该局除制造轮船和枪炮军火外，也制造了不少机器。总计该局37年中制成的机器如下所示：

车床138台、刨床47台、钻床55台、开齿机8台、卷铁板机5台、滚炮弹机3台、汽锤4台、印锤机4台、大锤机3台、砂轮机10台、磨砂机16台、挖运泥船2只、绞螺丝机3台、剪刀挖眼机3台、翻砂机28台、造炮子泥心机3台、锯床9台、春药引机4台、起重机84台、筛砂机5台、试铁刀机2台、造枪准机5台、剪铁机4台、轧钢机5台、抽水机77台、造枪子机15台、拌药机10台、碾药机12台、绞气门马力机1台、造皮带机4台、压铅条机1台、汽炉机32台、铁枪靶15具、磨刀机2台、磨枪头炮子机4台、压磨机3台、汽炉15座、碾炭机2台、锯钢机1台、炼钢炉9座、装铜帽机4台、水力压机1台、造铜引机1台、敲铁机2台、压枪子铜壳机5台、光枪子铜壳机10台、剪药机8台、汽缸1只、试煤机1台、发电机1台、压书机1台、化铁炉2只、化铁地缸1只、烘砂炉1只、各种机器零件及工具110.5万件。

江南制造局生产机器的能力，在晚清中国自己的工厂中是独一无二的。生产机器企业需投入较多资金，技术要求也比较严格，这就使许多中国投资者不敢涉足于这个领域。处于近代化起步阶段的中国，尤需发展这种基础工业。所制机器在本局扩大再生产过程中起了很大作用，也支援了天津机器局的建设。江南制造局生产机器，还带动了其他地区如上海、广州等地私营机器工厂的发展。仅在上海一地，同治五年到光绪二十年的 28 年中，新设的轧花机等农机制造厂家 3 个、缫丝机器修造厂家 1 个、引擎小火轮制造厂家 5 个；光绪二十一年到中华民国二年（1913）的 18 年间，上述领域投资新增厂家依次为 14 个、9 个和 12 个。

3. 枪炮弹药生产

中国资本主义近代工业是从军工企业的创办开始的。军工生产中的造船前已述及，此处分析军工企业对枪炮弹药的生产。晚清此类工厂，除江南制造局兼造轮船、机器外，其余基本上都是专门生产制造枪炮弹药的企业。其大致有以下企业：金陵机器局（1865 年创建）、天津机器局（1867 年创建）、西安机器局（1869 年创建，后迁兰州，成为兰州机器局）、山东机器局（1875 年创建）、吉林机器局（1881 年创建）、福建机器局（1870 年创建）、广州机器局（1874 年创建）、四川机器局（1877 年创建）、浙江机器局（1883 年创建）、云南机器局（1884 年创建）、广东机器局（1885 年创建）、山西机器局（1884 年创建）、台湾机器局（1885 年创建）、湖北枪炮厂（1890 年创建），等等。这些生产枪炮企业中，以江南制造局和天津机器局最为重要。

江南制造局生产枪炮弹药系用机器生产，产品也不再是老式刀矛弓箭，而是制造西方新式枪炮弹药。从建局到光绪二十年的二十多年时间里，所生产的主要军火数量为：各类枪支 51285 支、各种炮 585 尊、各种水雷 563 具、炮弹 120 万个、铜引 441 万支。这些军火的供应范围几乎包括全国各地的军队。

江南制造局所制军火固然比中国旧有武器先进得多，但由于单纯仿造，从试验到投产，乃至形成规模生产，周期较长；加上信息不甚便捷，不能迅速了解国际军火变化发展的信息，因此，总是被动地更换产品，造成浪费，也影响军队装备的质量。

洋枪的式样，欧美在咸丰十年（1860）以后即已以后膛枪取代了前膛枪，而局内在同治十三年（1874）之前，仍以前膛枪制造为主。迟至同治十年后，始试造林明敦式后膛枪，并于同治十三年至光绪十七年（1891）内，长期大量生产林明敦式后膛枪，殊不知又是盲目生产，该枪样式已老，欧美久弃不用，造成局内积压万余支。光绪十七年后，改行制造黎意新枪和快利新枪，不久又因是过时之式，再改造小口径毛瑟枪。走了许多弯路。洋炮的制造也存在类似问题。在光绪十九年（1893）之前，局内始终制造久已过时的阿姆斯脱郎铁箍钢管前膛大炮。后制成后膛快炮，惜乎又是外国废弃式样。光绪二十一年，张之洞（1837—1909）视察海岸、沿江炮台后感慨道："大炮皆系上海制造局自造"，"多系旧式前膛，或间有后膛者，亦甚小甚旧……试造之炮，炮身不长，机器不灵，施放过迟，一点钟止能放七八炮……若外洋克虏伯二十一生、二十四生等巨炮，并无一尊。不特无十年以内之新式长炮，即旧式后膛大炮亦且无有"。

江南制造局也能生产火药。同治十三年，聘用洋员为总监工，设于龙华的火药厂生产出黑色火药，年产量最多可达30多万镑。后又在德国寻洋匠，购机器，为生产栗色火药做准备，光绪十九年开工生产。同年，又因快枪快炮需用无烟火药，在德国置设备，聘化学师和工程师，龙华又建新厂房。当时无烟火药外国秘而不传，德国专家迟迟拿不出产品，中国科技人员王世绶"以意变通，竟收实效，洋匠自谓不及"。经多次试验，于光绪二十二年试成，并投入生产。

江南制造局在军火工业方面的贡献是很大的，它炼制出中国第一磅近代火药，是晚清近代枪炮的主要生产者之一。于巩固国防和发展民族工业方面起到推动促进作用。

天津机器局原为满族贵族、三口通商大臣崇厚创办，时过三四年无起色，乃由李鸿章接办，后发展成为重要的军火企业。该局主要生产火药、枪支、火炮、各式子弹、炮弹、水雷，以及炮车、电线、电机等。该局生产栗色火药较早，在光绪十三年（1887）就建起了栗色火药厂，用"最新式机器制造最新式的炸药"。

　　如果说江南制造局在制造枪炮弹药方面曾走在中国诸厂的前列的话，那么随着湖北枪炮厂的产品问世，晚清最先进的枪炮弹药生产厂家的桂冠就属于湖北枪炮厂了。湖北枪炮厂是张之洞的一个杰作。张之洞早在任两广总督时，就着手在广州建枪炮厂，并与驻德公使洪钧联系，请代购能制造德国新式连珠枪和克虏伯大炮的机器。光绪十五年（1889）夏，张之洞调任湖广总督，即选中汉阳为厂址，将已发运至广东的德国机器改运至湖北，并再与驻英公使商议增购制军火的机器。光绪二十一年枪炮厂投产上马。据统计，枪炮厂有工人1200人。从光绪二十年到宣统元年（1909），枪炮厂共建成大小分厂15个，计有枪厂、枪弹厂、炮厂、炮架厂、炮弹厂、机器厂、锅炉厂、打铁厂、打铜厂、翻砂厂、木样厂、药厂、硝酸厂、硫酸厂及钢厂。总计开工生产到光绪三十四年（1908）共生产步、马快枪11万余支，枪弹4000余万发，各种快炮740多门，前膛钢炮120余门，各种开花炮弹63万余发，前膛炮弹6万余发，枪、炮器具各种钢坯44万余磅，无烟枪炮药27万余磅，硝镪水200余万磅。湖北枪炮厂的武器确实达到了当时的世界先进水平。所购德国生产快炮的机器，系经驻德公使许景澄力争始购得。经改造后的快炮，6厘米口径者每分钟能放30响，9厘米口径者每分钟能放20余响。该厂生产的改进型德国1888年式七九步枪，即为闻名全国的汉阳式步枪（俗称"汉阳造"），"所造各种枪炮子弹药与自购外洋者无所区别"。李鸿章也承认此厂"所造新式快枪、陆战车炮，各省制造局所无，实关自强要图"。总的看来，虽然晚清中国枪炮弹药生产技术基本上引自外国，而且表现出一定的滞后性，但它毕竟是中国近代军工生产的重要起步，对提高国防能力具有积极意义。在一定阶段，引进技术和技术滞后是难以避免的，不应苛求前人。

4. 采矿与冶炼

洋务军事工业的开办，带来了对燃料、原料、运输等方面的需求，洋务派也意识到，仅靠军事上"求强"还不够，还需经济上"求富"，才能免遭外国的侵略。于是，自19世纪70年代起，洋务运动进入了军工、民用企业齐办时期，而中国民间私人机器工业也逐步发展起来。甲午战争后，清政府对私人投资有所扶持；清末新政更是大力提倡兴办实业，因而近代生产技术较大规模地在中国普及推广开来。

近代煤矿的技术和设备是从西方引进的，故称此类机器采煤为新法开采或西法开采。中国境内第一个近代煤矿，是台湾基隆煤矿，光绪四年（1878）正式建成投产。光绪七年（1881），另一个近代煤矿直隶开平煤矿也建成投产，经营卓有成效，堪为晚清煤矿的样板。它以西法凿井，提煤井深60丈，直径1.2丈；贯风、抽水井深30丈，直径1.2丈。最早使用的机器有：蒸汽绞车1台、蒸汽为动力的扇风机1台、蒸汽为动力的抽水机3台、以重车牵动的小绞车1台。凿井开巷以人工打眼放炮。绞车道与井壁均用砖料支护。在机修车间里，有车床2台、刨床2台、汽锤1台、钻床1台。后又增设机器设备。近代煤矿的技术特点是，以蒸汽为动力的提升机、通风机和抽水机，应用于提升、通风和排水三个生产环节上，而其余生产环节，则主要依然靠人工手工操作。开平煤矿之后，较有影响的近代煤矿还有萍乡煤矿。在光绪三十三年，有立井2口，总平巷1条、洗煤台2座、西式炼焦炉36座，发电厂、机修厂、化验室、煤砖厂各1个，规模与设备超过开平煤矿。甲午战争之后，帝国主义疯狂攫取中国矿权，以独资、合办方式掠夺中国煤矿，于是又出现了日资抚顺与烟台煤矿、英资福公司、中日合办本溪湖煤矿等。中国人为了抵制外国的侵夺，掀起了收回矿权运动，并新建了一些煤矿。

晚清近代煤矿技术上的发展主要表现在以下几个方面。

矿井开拓方式。旧式手工煤窑，一般都是沿煤层露头凿出小立井或小斜井，山区则多用平硐。井筒深度不过二三十米，顶多百米。采掘范围不过几十米。在旧式煤窑中，掘进与采煤几乎合一，没有泾渭分明的开拓、采煤两大系统。在新式煤矿中，井筒深度和直径大大超过手工煤窑。萍乡煤矿井筒的深度直井达160米，而横井达2600米长；井筒的直径直井4.15米，横井高3.5米、宽4.5米。开平煤矿的3个立井，井筒深度分别为400米、182米和466米，井筒直径分别为4.6米、4.6米和5.3米。井架材料多为铁质，井壁材料多为石质。这些变化，是因为提升机、通风机、抽水机的使用，使增加开采深度和范围为可能；井下矿车可提高运输效率，使巷道和开采范围的延长与扩大成为可能；唯有铁质、石质的支护手段，才可以满足坚固、耐用的要求，延长矿井寿命，适应生产发展。

在采煤方法上，旧式方法为凿井后沿煤层方向挖煤洞，掘进即采煤。新式采煤则是在掘出巷道后再回采，掘进与采煤是两个系统。晚清应用较广泛的新式采煤方法被称为残柱法。具体方法是：沿煤层走向开一条大巷和几条顺槽；沿煤层倾斜方向开上山或下山。大巷与顺槽，顺槽与顺槽之间，上（下）山之间距离均为20~30米。这样，采煤区内便出现棋盘形坑道，坑道间为煤柱，二三十米见方。回采时，以横、纵二条巷道把煤柱一分为四，再依此法把各小煤柱划分为更小煤柱。此法回采率低，矿工主要以镐、凿、锤、铲、钩、筐等工具采煤，强度大而危险性亦大。近代煤矿掘进使用机械较晚，光绪三十一年（1905）萍乡煤矿才首开使用风钻在岩巷打眼放炮的纪录，之前都是人工打眼放炮。掘进与回采工作面已应用火药。

晚清近代煤矿的建立，提升运输工具也随之进步。旧煤窑以辘轳提煤，动力不外人力手摇和畜力马拉两种。开平煤矿于光绪七年（1881）安装蒸汽绞车（亦叫高车、卷扬机）。初时绞车马力150匹，10年后改用500匹马力绞车，光绪三十一年（1905）又改用1000匹马力绞车。蒸汽绞车自在英国首用到中国基隆、开平煤矿引进，历时100年。晚清煤矿大巷与井口地面运输多以人、畜力担任，唯萍乡煤矿于光绪三十三年（1907）在井下大巷使用架线式电机车。晚清煤矿一般采用机械通风。通风机有抽出式和压力式两种，以蒸汽为动力。机械通风取代旧式煤窑的自然通风，解决了风量不足问题，从而促进工作范围的扩大。

晚清煤矿也采用了水泵排水的方法。开平煤矿引进的第一台水泵属于"大维式"，每分钟从300米深井可抽3.5吨水。与旧煤窑肩挑、手提、竹筒吸相比，有质的改善，从而排除了水多不能深采的困难。晚清焦作煤矿涌水量甚大，故自光绪二十八年（1902）起先后凿井5口，使用36台水泵抽水。

在照明方面，初期所有煤矿都用明火灯。开平煤矿因光绪十年（1884）瓦斯爆炸，才改用安全灯。光绪三十二年（1906）抚顺煤矿改油灯为安全灯。宣统三年（1911），抚顺千金寨坑又于安全区域使用电灯。但晚清仍有许多煤矿使用油灯、电石灯等明火灯。矿井支柱方面，大巷、石门等处，已用青石或砖砌拱，重要硐室如水泵房等处，已采用钢筋混凝土构建。但在回采工作面和煤巷，则多袭旧法，以木支护。

手工选煤自古皆有。机械选煤法传入中国为19世纪80年代，开平煤矿首先安装选煤机。光绪三十三年（1907）以前，萍乡煤矿已有2台大型洗煤机，均为振动式，日选煤能力分别为1200吨和2200吨。约在宣统二年（1910），萍乡煤矿又添振动式小选煤机1台，日选煤能力480吨。其他多数煤矿仍袭旧法。

在炼焦方面，各矿多采用中国已发展了七八百年且很完美的传统炼焦法。萍乡煤矿则在引进西方科别炉炼焦的同时，又对传统方法进行改造，发明了更有效的土法——平地炉（长方炉）炼焦法。光绪二十三年（1897）萍乡煤矿炼焦，初用外地土法，如砖炉、圆炉和屏风炉等，但炼焦时间长达七昼夜，得焦一般仅三四成，多不过五成；灰分多者三成，少者亦达一成五六。萍乡人俞燮堃于光绪二十六年（1900）创造平地炉（长方形炉），炼焦时间仅用三天，出焦率升至六成以上，灰分仅为一成二。尤为可贵的是，萍乡矿西炉焦样和平地炉焦样送英国化验，西炉焦质量已达英国优等焦水平，而平地炉焦竟更胜西炉焦一筹。于是，平地炉驰名中外，得到大发展，萍乡煤矿多达230座。物美且成本低，平地炉焦的出现也为国人平添了许多荣耀。但此法的缺点为副产品不能收集，故也渐被淘汰。煤炭的另一加工途径，则为机制煤砖。最先采用此法为山东坊子煤矿，德国人经营该矿，并于光绪二十七年（1901）设厂专制煤砖。宣统元年，萍乡煤矿建起一座年产5万吨的机制煤砖厂。

晚清近代煤矿所用动力，在光绪三十一年（1905）前，长期是蒸汽动力机。光绪三十一年，唐山煤矿首装交流发电机和直流发电机各一台，开煤矿用电之先河。萍乡煤矿和抚顺煤矿分别于光绪三十三年（1907）和三十四年（1908）建起自己的发电厂。其他煤矿则仍用蒸汽动力机。

晚清其他一些金属矿，如漠河金矿、大冶铁矿、云南铜矿、贵州青溪铁矿等，也都不同程度地采西法，用机器。

在炼钢方面，江南制造局于光绪十六年（1890）筹设炼钢厂。设炼钢厂的出发点，就在于造炮所需钢料，造枪所需钢管，一向需从外国购买，价钱较贵，且若海路因故不畅，必致停工待料。于是向英国购买了炼钢及卷枪筒的机器、炉座各一副，办起了炼钢厂。最初日出钢10吨、枪管100支，后来从英国又购进15吨酸性炼钢炉一副，于是每天可炼钢约20吨。钢材质量经化验不亚于洋钢，所含铁质、炭质、锰质、矽质等均达标准。钢材品种计有元钢、方钢、扁钢、包角钢、钢皮、船用钢板、枪筒钢、炮筒钢等。原料生铁矿石，初购自国外，后从湖南湘乡采购一部分。还有一部分原料是搜集的废钢。炼钢过程基本都是采用机器：先将原料入炉熔之，铸成5~10吨钢坯；钢坯入炉中锻后，乃以水压钢机锤压。此压机每平方寸压力为3000

张之洞 ○

张之洞是晚清名臣、清代洋务派代表人物，在政治上主张"中学为体，西学为用"。

吨，为当时中国最大者。江南制造局炼出本国第一炉钢水，具有重要意义。

晚清汉阳铁厂声势最大，是亚洲第一家集开矿、采煤、炼铁为一体的大型近代化钢铁联合企业。该厂也是张之洞一手搞起来的。光绪十九年（1893）铁厂建成，次年运行投产，该厂包括以下所属分厂：炼生铁厂、炼贝色麻钢厂、炼熟铁厂、炼西门士钢厂、造钢轨厂、造铁货厂，是为六个大分厂；还有机器厂、铸铁厂、打铁厂、鱼片钩针厂、打铜厂、翻砂厂、木模厂、锅炉厂，是为八个小分厂。熔炉情况为：化生铁炉2座，炼钢炉4座。厂内还有洗煤机、炼焦炭炉。铁厂还辖大冶铁矿和马鞍山煤矿。

汉阳铁厂的设备全都购自国外。其熔铁大炉、炼熟铁炉、炼钢炉及制铁轨机等，均在英国订购。投产约一年，产生铁5660吨、贝色麻钢料940吨、马丁钢料450吨、钢条板1700吨。已达到世界级的技术水平。

汉阳铁厂尽管规模很大，但由于张之洞科技知识缺乏，办事急于求成，导致产品销售不畅。当时西方炼钢炉有两种，一是贝色麻钢炉（转炉），二是西门子马丁炉（平炉）。前者用酸性耐火材料，不能除原料生铁的磷质；后者以碱性耐火材料为炉衬，除磷质能力较强。本来大冶铁矿含磷量就高，故选择炼钢炉应加以考虑。向英国厂方订购时，对方即提出先验铁矿、煤焦质地，再行配炉，但张之洞根本不允："以中国之大，何所不有，岂必无先觅煤、铁而后购机炉？但照英国所用者购买一份可耳。"于是，英方即配以贝色麻炼钢炉和小马丁炼钢炉各一座。结果，贝色麻炼钢炉所炼之钢含磷多，易脆裂，尤不适于造钢轨；小马丁炼钢炉所炼之钢含磷量符合要求，但产量过少。发展科技，又不懂科技，此失误直至光绪二十八年（1902）才得到解决，惜10年光阴已过。光绪三十四年（1908），合汉阳铁厂、大冶铁矿、萍乡煤矿的汉冶萍煤铁厂矿公司成立。

还有许多其他炼钢、炼铁厂，如贵州青溪铁厂、福州船政局、天津机器局、轮船招商局等大企业也都附设炼钢、炼铁厂。它们与江南制造局炼钢厂、汉阳铁厂一起，在晚清引进西法冶铁炼钢方面，起到了重要作用。

5. 缫丝、纺织及榨油等

五口通商后，丝出口量猛增，与之相适应，加工生产企业随之得到发展。最先在中国创办机器丝厂的是英国怡和洋行，早在咸丰十年（1860）就创办了怡和纺丝局。初有缫车10部，第三年扩充为300部，厂设于上海。是为机器缫丝业在中国第一次出现。同治六年（1867），美国哥立芝公司在上海建立丝厂，但仅有10部缫车，开工不到一年即停止，迁至日本。到了光绪二十年（1894），外资在中国共建12家丝厂，其中11家在上海，1家在烟台。

外国人创办丝厂的同时，中国人陈启源于同治十一年（1872）在广东南海创办继昌隆缫丝厂，为中国人首次采用近代机器缫丝生产技术。九年后，广州、顺德、南海等地，陆续增加到10家，拥有缫车2400部，年产生丝近千担。丝厂的设备技术情况，我们从分析陈启源丝厂可见一斑。该厂初创时仅几十部缫车，后规模扩大，多时达800部，工人达700人。丝厂机器，当时叫"机汽大偈"。已采用蒸汽煮蚕方法，机器很快即采用蒸汽动力和传动装置。除丝车外，还有煮沸水大炉1座，高约1.5丈，阔七八尺；蒸汽炉1座，高约1.2丈，阔6尺。采用机器生产，劳动生产率明显提高，"每一女工可抵十余人之工作"。上海、浙江等地也先后发展起了机器缫丝业。

晚清棉纺织业的机器生产，最早始于同治十年（1871）。当时美国商人富文在广州设立了厚益纱厂，但仅存在半年即关闭。光绪十三年

（1887），上海成立一家国人自办的兼做轧花、纺纱工作的轧花纺纱新局（后改华新纱厂）。

中国较具影响的机器棉纺厂为李鸿章创建的上海机器织布局，筹建于光绪四年（1878），投产于光绪二十年（1894），官督商办性质。筹办过程中，为使纺织机器能采用短纤维中国棉花为原料，特邀美国工程师来华考察；派国人携棉去美试纺试织，并对外国织布机进行改造。布机原定购400张，为慎重乃先购200张。可见，准备工作比较周密。织布局建成时，占地280亩，布机300张，动力系统有大立炉1座、小立炉1座、500匹马力引擎一具，工人800人。光绪十九年（1893），布机增至500台，纱锭2.5万枚，工人增至4000人，红利达25%。当时轧花、弹花、梳花、清花、卷花、卷纱、拉纱、经纱、纬纱、织布、压布、折布、刷布、捆布及烘布都采用机器进行。

另一较有影响的机器棉纺企业，是张之洞创办的湖北织布官局。所用织机及动力设备全在英国定购，计有：原色扣布机250张、斜纹布机100张、原色次等布机226张、原色上等布机100张、白色上等布机100张、白色次等布机100张、提花布机24张，共1000张织布机；另有汽机、锅炉、机轴、旋竿等设备。光绪十九年（1893）建成投产。

晚清机器纺织厂的设备均购自外国，而且在厂房建筑、设备配置及安装运用方面，一般也由外国专家进行筹划和指导。此期厂区平面布局不尽合理，清花间没有防火墙，上海织布局、裕通纱厂和通久源纱厂均因此惨遭火灾。设备多从英国引进，而清棉工程多未能与国内原棉质量相适应，梳棉机配套不够，影响成纱产品。并条、粗纱、细纱、各机下罗拉没有淬火，易造成磨损。再者，并条、粗纱皮辊罗拉，很多不是活动套筒，经常在运转中停滞，造成不正常拉长。蒸汽动力机煤耗高，压力却不高，工作纱机、织机距动力机又过近，影响灵活工作。

在榨油业方面，旧式油坊所用技术，都是先用畜力把黄豆碾碎，蒸后制饼，放在木榨中以楔式压榨法进行生产。光绪二十三年（1897），英商太古洋行在营口率先建立使用机器进行榨油的太古元油坊。采用蒸汽力将黄豆压碎，再以手推螺旋式铁榨榨油，比之旧法，成本低20%，油量提高7%。不久，营口当地华商油坊相继效法。日俄战争后，日商小寺氏又进一步采用水压式（俗称冷气榨）榨油，完全不用人力，生产效率远在手推螺旋式之上。于是，营口、安东、大连、哈尔滨等地迅速推广开来。营口先为榨油业的中心，日俄战争后即为大连取代。

中国第一家火柴厂是光绪五年（1879）由旅日华侨卫省轩开办的广东佛山火柴厂。光绪六年（1880）英国人美查在上海开办了第一家外资火柴厂，名为燧昌自来火局。到了光绪二十年（1894），全国已有12家火柴厂。在这些火柴厂中，都程度不同地采用机器，外资厂家机械化程度高些，在自排板、上药、烘干及拆板方面几乎都能实现自动化，而华资厂家则在某些工序上仍用手工操作。

中国境内第一家采用机器加工面粉的厂家是光绪四年（1878）朱其昂在天津开设的贻来牟机器磨坊。有磨面机一台，雇工10余人，事半功倍，出面多而色白，"与用牛磨者迥不相同"。之后的光绪八年、十三年和十九年（1882、1887和1893），上海、福州、北京各开设一家机器面粉厂。此外，晚清较早采用新式生产技术进行生产的工业领域还有不少：如光绪二年（1876）英商在开平煤矿附近以直窑烧制水泥，该窑光绪三十三年（1907）归华商经营，成立启新洋灰公司；又如光绪八年（1882）广州商人钟星溪等人创办宏远堂机器造纸公司，机器买自英国爱丁堡柏川公司，由外国技术人员安装，造纸原料以稻草为主；再如上海于道光二十三年（1843）建立墨海书馆，采用新式印刷机器印书，初用牛拉。同治十三年（1874）容闳等人在上海办报，使用手摇印刷机。之前一年，王韬（1828—1897）在香港创《循环日报》。欧洲石印书籍技术鸦片战争后也传入中国。同治十年（1871），王韬在香港创办中华印务总局，次年广州成立印刷局。自光绪八年（1882）起，上海成为全国石印业中心。

6. 电力、电讯及城市公用事业

光绪八年（1882）英国人在上海租界内首建中国第一家发电厂——上海电光公司，这在世界上也算较早的，仅比英国最早的发电厂晚一年，与美国最早的发电厂同年问世。10 年后，公共租界成立工部局电气处，装有往复式蒸汽机和直流发电机，为马路和用户提供电灯照明。后也向工业供电。自光绪二十年（1894）华侨黄秉常首创广州电厂这一国人第一家电厂，到宣统三年（1911），国人自办过 32 家电厂，分布在广州、宁波、汉口、重庆、镇江、福州、北京、上海、成都、汕头、苏州、烟台、济南、南京、南昌、吉林、芜湖、长沙、湘潭、太原、通州、昆明、杭州、嘉兴、开封、海宁、松江及齐齐哈尔等城市。到宣统三年（1911），全国电厂发电总容量为 2.7 万千瓦，其中外资电厂占 54.5%，余为中国资本电厂。中国资本中，京师华商电灯公司于光绪三十二年（1906）发电，有锅炉 3 台、330 千瓦发电机 2 台、150 千瓦发电机 2 台、75 千瓦发电机 1 台；杭州电气公司创办于宣统二年（1910），有 160 千瓦汽轮发电机 3 台。

外国人在 19 世纪 60 年代即向清政府介绍架设通讯电线的好处。同治九年至光绪九年（1870—1883），外国背着清政府在中国沿海地区非法敷设电报电线共 8 条。电报通讯的好处为洋务派所接受，于是着手自办。自光绪五年（1879）首次架设天津至大沽 40 公里电报线，到光绪二十年（1894），全国架设陆路电报线 36 条，长 2.32 万公里。这些线路分别是：天津大沽线、天津上海线、苏浙闽粤线、江宁镇江线、天津通州线、广州龙州线、北塘山海关线、广州九龙线、广州虎门线、广州白土冈线、江阴无锡线、南京下关线、吴淞线、山海关奉天线、沈阳边门线、四川方南线、奉天珲春线、天津保定线、台湾陆线、福州台湾水线、吉林黑龙江线、云南贵州线、梧州桂林线、钦州东兴线、琼州黎岗各线、岸步高州线、南宁剥益线、剥益蒙自线、济宁开封线、烟台威海卫线、昆明腾越线、九江庾岭线、陕西甘肃线、滇越边界线、汉口襄阳线、沙市湘潭线、甘肃新疆线、新疆南路、新疆北路、乌苏塔城线。电报业对官方和民间服务。

外国在华租界对电话的使用，也推动了中国电话的发展。光绪二十六年（1900），南京出现供官署通讯的南京电报局。光绪二十九年（1903），北京、天津、广州已有供社会各界使用的市内电话。光绪三十一年（1905），中国自办长途电话。光绪三十年（1904），中国使用无线电报，江防炮舰及广东、江西等地军事要塞，都配备了火花式无线电报机。次年，购进马可尼式无线电报机 7 台，专供军用，配备于南苑、保定、天津三地及当时最主要的军舰海容、海琛、海圻和海筹等四舰上。光绪三十四年（1908），上海崇明架设无线电台，建立无线电报局，为官商通报提供服务。宣统元年（1909），清政府收回英商私设于上海的电台。宣统三年（1911），清政府又收买回北京和南京两处电台。

在公用事业方面，上海租界在同治五年（1866）建起大英自来火房（即煤气公司）。光绪六年（1880）建起上海自来水公司。光绪三十三年（1907）法国在上海开办电车电灯公司。

煤气厂酝酿较早。咸丰十一年（1861），上海租界的一些英国人根据需要，提出建立煤气厂，以煤气照明。同治四年（1865）九月，煤气厂建设工程竣工。主要设备有：水平式煤干馏炉一组计五孔，日产煤气 850 立方米；脱硫器设备一套；直升式储气柜一座及输气总表、排送机、调压器等。当年即向用户供应煤气，马路上也出现了煤气灯，租界内的外国人及部分中国有钱人家均安装煤气灯。

上海居民向来饮江河之水，卫生条件很差。光绪元年（1875），上海洋商数人在杨树浦建成首家自来水厂，厂内有沉淀池、过滤池、水泵、皮龙艇等设备。光绪六年（1880）成立了上海自来水公司，买下上述自来水厂，并大加扩充。光绪九年（1883）五月，李鸿章到水厂参观，表示赞许，并开启阀门，引入黄浦江水。光绪二十三年（1897）元月，国人在上海自办内地自来水厂，厂址设在高昌乡高昌庙，水源亦取自黄浦江，光绪二十八年（1902）正式供水。宣统二年（1910），清政府又批准设立闸北水电公司。设备有：锅炉 4 座；宣统二年（1910）建成 1003 平方米慢滤池三座；280 平方米和 371 平方米清水池各 1 座；快滤缸 3 座；清水唧机 3 台；高 36 米的钢质水塔 1 座。该公司日出水量 9090 立方米，可供 10 万人饮用。

汽车和电车也于晚清进入中国。光绪二十七年（1901），匈牙利人李恩时（Leinz）把两台汽车带进上海。光绪三十四年（1908）上海有 119 辆汽车。光绪三十四年（1908），美商环球供应公司百货商场在上海设立汽车出租部。光绪三十二年（1906），英商在上海设立上海电车公司。次年二月，上海第一条有轨电车线路（静安寺至外滩，全长 3.75 公里）正式通车营业。电力、电讯及城市公用事业的兴办，繁荣了城市经济，把世界先进技术引入中国，有助于资本主义近代经济的发展，城市生活质量也有所提高，其积极意义是非常显著的。

7. 铁路建设与詹天佑的贡献

鸦片战争后，外国为了扩大侵华的需要，几乎一刻也没有放弃在中国修筑铁路的企图。但在光绪二年（1876）之前，它们始终未能把梦想变成现实。英国怡和洋行在筑路问题上最为积极，它曾打算修建上海至苏州的铁路。

同治五年（1866），英国驻华公使以黄浦江岸货运不方便为由，向清政府提出修建上海至吴淞口的铁路，但遭拒绝。于是在六年后，美国驻上海领事馆与怡和洋行合作，向上海道台提出买地基，供吴淞道路公司修筑"一条寻常马路"。实际上企图以此打掩护把铁路修成，迫使清政府接受既成事实。

地基果然骗买到手。同治十三年（1874），吴淞铁路破土动工，两年后修成并通车营业。不过 1 年，售票收入就达 38300 元。外国侵略者欣喜若狂。

铁路修成后，清政府方知受骗上当，于是派人与英国驻沪领事交涉。当地百姓也群起反对此条铁路。清政府进行交涉，事属维护国家主权和尊严。百姓反对，则因铺路占地，利益受到侵害，当然也担心铁路坏了风水、震了祖坟。最后，以清政府花高价 28.5 万两白银买下这段 10 英里长的铁路了结这桩公案。清政府进行交涉，完全正义；在当时形势下妥协赎买，也属不得已而为之。但买下之后，对这种先进的运输手段却予拆毁，听凭设备风吹雨淋，不作处理，则又暴露出清政府的愚昧落后来。

中国人自修铁路始于洋务运动。开平煤矿为及时将煤炭运出，主张修一条由胥各庄到唐山的铁路。为了对付守旧派所谓铁路震动皇陵的非议，在奏请清廷时特言明未来铁路以骡马拖载。清政府只好应允。于是，光绪七年（1881），中国土地上有了一条 7.5 公里长的马车铁路。第二年以机车牵引，乃有真正的铁路运输。未几，又因朝廷有人指责机车震动皇陵，车烟伤害禾稼，运输被迫中断运行几个月，后才恢复。

铁路带来经济的发展，又有利于国防，故这一新生事物渐为统治集团所接受。唐胥铁路先延至阎庄，称唐芦铁路，继又于光绪十四年（1888）延长至大沽，是为津沽铁路。至甲午战争，中国自建铁路共415.4公里。天津到军粮城、大沽、北塘、汉沽、芦台、唐坊、胥各庄、开平、古冶、滦州、山海关之间均已修筑铁路，山海关外也筑路64公里。台湾筑成77公里。所修铁路，材料购自外国，技术人员也雇外人充任。甲午战争后，民族危机深重。一方面帝国主义出于瓜分中国而大量攫取在华筑路权；另一方面清政府为自救也加速修筑铁路。总计光绪二十六年至宣统三年（1900—1911）的11年中，中国境内又筑铁路9000公里。总计清代修筑铁路9618.1公里。这其中完全为国人自己设计监造的，主要有詹天佑负责的201公里的京张铁路和陈宜禧负责的59.3公里的广东新宁一段铁路。

詹天佑（1861—1919），字眷诚，广东南海人。同治十一年（1872），以幼童留学美国，是为清政府首批留学生之一。光绪七年（1881）毕业于耶鲁大学，学习工程专业。学成

詹天佑
詹天佑是中国近代铁路工程专家，被誉为中国首位铁路总工程师。其负责修建了京张铁路等工程，有"中国铁路之父""中国近代工程之父"之称。

归国，曾任教于福州船政局、广东博学馆、广东海图水陆师学堂。光绪十四年（1888），调至唐津铁路工地，从此，为中国铁路事业屡建功勋。

京沈线上有一处险要工程，这就是修建滦河大桥工程。英、日、德三国工程师先后未能攻克，而在詹天佑主持下，顺利建成了305米的滦河大桥。这也是中国工程师主持建造的第一座近代铁路大桥。京沈线上的九梁河、小梁河、女儿河等铁路桥梁，也是在他主持下建成的。他的杰出成绩，受到国内外同行的赞誉，英国土木工程师学会推选他为会员。光绪二十八年（1902），他又受命修筑慈禧与光绪谒陵的专用铁路西陵铁路。他在气候严寒的不利条件下，科学施工，一丝不苟，仅用四个月的时间（朝廷规定的期限内）即修成了。此路不长，但意义很大，因为它是中国工程师主持修筑的第一条铁路。

京张铁路的建成，是他筑路史上最辉煌的一页。

对于京张铁路的修建，英、俄两国均想插手。清政府乃于光绪三十一年（1905）设立京张铁路局，派詹天佑为会办兼总工程师。

京张线路坡度陡，隧道工程大。一些人认为他不能胜任这个任务。詹天佑把工程成败与中国的尊严、荣誉相联系："如果京张路工程失败的话，不但是我的不幸，中国工程师的不幸，同时也将带给中国很大的损失。"他组成了中国工程技术队伍，进行实地勘测，提出三条路线，再进行反复比较，最后选定关沟路线。该路线需凿通居庸关、五桂头、石佛寺、八达岭四条隧道，总长度1645米，其中八达岭隧道最长，为1145米。当年9月全线动工。他参考了美国高山地区铁路的设计，采用"人字形"线路。因为自南口起的18公里间的坡度太大，即使用两台机车前拉后推也无助于事，采用"人字形"，列车抵青龙桥站以后，方向改变，原牵引和推送机车的作用互换，使列车开向西北方向入八达岭隧道，开向岔道城。在青龙桥与南口段又建保险岔道，防止列车下坡溜逸失控。为缩短工期，除在八达岭隧道南北两端施工之外，还在中部开出2井，4处工作面同时开凿八达岭隧道。宣统元年（1908）八月全线完工。工期提前两年，经费为外商开价的五分之一。

京张铁路的建成，对于加强内地与边疆的联系有着重要意义。在中国积弱不堪的那个年代，尤使中国人民扬眉吐气。世人不会忘记詹天佑的功绩。他逝世后，京张铁路青龙桥车站竖起他的铜像。青龙桥还建有他的墓地，供人们凭吊。

8. 轮船的应用

英国早在嘉庆十九年（1814）就首次将蒸汽轮船投入航运，是为轮航史的发端。英国通过鸦片战争打开中国大门后，即于道光二十四年（1844）在香港设立了大英火轮船公司的分机构，开辟了锡兰（今斯里兰卡）到香港的航线。道光二十八年（1848），英国怡和洋行又在香港设立了香港广州轮船公司，经营香港到广州间的运输。第二次鸦片战争后，外国染指中国航运业更为猖獗，英国太古、美国旗昌等八家轮船公司控制了长江和中国东南沿海的航运，"洋船盛行，华船歇业"，以至上海沙船数量竟从3000多艘骤减至同治五年（1866）的四五百艘。中国旧有沙船之所以遭此厄运，技术上的原因就在于"行程迟缓，不但有欠安稳，而且航无定期，上行时尤感困难"。为了抵制外国经济侵略和发展民族经济，中国人也办起了自己的轮船运输业。

同治十一年十二月（1873年1月），官督商办的轮船招商局在上海正式成立。招商局船只大部买自外国企业。成立之初，有购自大英轮船公司的伊敦号（载重600吨），购自英、法和苏格兰商人的永清号（载重1080吨）、利运号（载重1020吨）和福星号（载重600吨）。成立三年中，又陆续增购，用于运输的轮船为10艘。光绪三年

伊敦号轮船 ○·······························
伊敦号轮船是轮船招商局成立后购买的第一批轮船。

（1877），又买下竞争对手美商旗昌轮船公司的全部资产（包括轮船 20
艘）。全局有船 30 艘，后仍续有添置，并在江南船坞订购国产轮船。该
局沿海航线有：上海—烟台—天津—牛庄；上海—汕头—广州—香港；
上海—厦门；上海—宁波；上海—温州；上海—福州。内河航线主要是
上海—汉口，上海—宜昌两线，并在广东内河运行。该局曾经营海外航
运，驶往日本、新加坡、菲律宾等地，但因受洋船竞争而停运。

　　轮船招商局在晚清历史上有着较重要地位。它是中国民族资本在
轮船运输业中最大的企业，在与外国轮船公司竞争中表现了顽强的生
命力。面对太古、怡和的联合进攻，它在洋务派的扶持下，非但未被挤
垮，还有所发展。近代科技在反侵略斗争中的积极作用又一次得到证明。

　　轮船也用于国防建设上。甲午中日战争前，清政府已建成广东水
师、福建水师、南洋水师和北洋水师等四支舰队。共有大小军舰 78

艘、鱼雷艇 24 艘，总排水量 8 万余吨。其中北洋水师装备最佳，拥有大小舰船 22 艘，其中包括巨型铁甲战舰 2 艘、巡洋舰 8 艘、炮舰 6 艘、练习舰 2 艘、补助舰 4 艘，另有鱼雷艇 12 艘，总计 41200 余吨。其他三支舰队，舰只数量不少，但吨位较小，全为木造或铁骨木皮。北洋水师的舰船大部购自外国，而其他三支舰队的舰船有许多为江南制造局和福州船政局所造。

北洋水师于光绪十四年（1888）成军。为当时亚洲乃至世界上较先进的海军。但那拉氏挪用海防经费修建颐和园，故北洋水师成军后没有再增添舰船。至甲午战争时，北洋水师已落后于日本海军。在军舰的驶速方面，北洋水师舰只慢于日本舰只；在军舰配备的速射炮数量方面，北洋水师少于日本海军。甲午战争中，北洋水师被动挨打，全军覆没。

大沽口炮台遗址

大沽口炮台遗址位于天津市滨海新区，原置于海河南北两岸，俗称"津门之屏"。1988 年，国务院公布大沽口炮台遗址为第三批全国重点文物保护单位。

甲午战争后，清政府重建海军，至宣统三年（1911），共有各类舰船155艘，总排水吨位5.3万吨。与甲午战争前相比，战后舰船总排水量较低；战后巡洋舰仅4艘，而战前巡洋舰以上大型舰只为19艘。在建制方面，甲午战争后不久即重新建立北洋舰队。宣统元年（1909），将主要舰只编为直属中央的巡洋舰队和长江舰队。巡洋舰队较大，当时仅有的4艘巡洋舰都归属巡洋舰队。长江舰队仅有炮船、练船等船种。沿海及有江河湖泊的各省也有各自的舰队，但规模甚小，多为巡缉船和运船。

甲午战争后的清朝海军，在抵御外敌侵略方面，没有发挥任何作用。在唯一的中外海上冲突即光绪三十年（1904）的大沽口之战中，八国联军炮击大沽炮台，清朝海军的5艘巡洋舰及其他舰只多在山东登州一带，非但不去救援，却"南下避联军"，坐视大沽炮台陷于敌手。

（三）建筑技术

1. 清前期、中期的建筑

清代皇家园林建筑在规模上、数量上，均超过之前历代。其中最著名的为热河行宫避暑山庄和北京的万寿山清漪园、玉皇山静明园、香山梅宜园、圆明园及畅春园。这些皇家园林面积较大，园内地形也多具变化。园中分成几个景区，每个景区又有"景"（风景点），景中有题名。这种布局处理手法，与江南私家园林的影响有关。园中也有建筑，供皇帝居住和处理政务之用。建筑物形式多样，配合地形和景物，灵活安排。

康熙兴建避暑山庄行宫，是为避暑和笼络蒙古贵族。于是此处便成历代清帝避暑、行猎和会晤蒙古贵族的场所。

园中自然山岭很多，平地较少，平地中水面面积亦较大。园周围环山，确有"山庄"特色。居住朝会部分在园东面，正厅为楠木殿，

承德避暑山庄

承德避暑山庄位于河北省承德市中心北部，国家 5A 级旅游景区，是清代皇帝夏天避暑和处理政务的
场所。 1961 年，避暑山庄被公布为第一批全国重点文物保护单位，与同时公布的颐和园、拙政园、
留园并称为中国四大名园，1994 年 12 月被列入《世界遗产名录》。

清漪园

清漪园位于北京城西北，圆明园之西，1860 年被英法联军破坏后于 1888 年修复完成，基本上保持
了原清漪园的格局，至此更名为颐和园。

雕刻精细。园林区的平地湖泊部分，江南园林特色很明显，"文园狮子林"系仿苏州狮子林，"芝径云堤"仿自西湖风景；园中山地中有休息和观赏建筑，丛山中间有庙宇。园外东北两面的八大庙借景，亦为山庄添色许多。

清漪园，即后来的颐和园的前身。清以前此处有园林基础。乾隆十五年（1750）始改瓮山为万寿山，建造园林曰清漪园。第二次鸦片战争中侵略军放火焚烧殆毁。光绪年间（1888）修复并改名颐和园，惜八国联军侵华又对它极尽破坏。后又重修，直至光绪二十九年（1903）始成如今情况。颐和园因帝后每年有大部时间住园，处理政务，故宫殿建筑较多。

园林设计取法杭州西湖，西堤、报恩寺塔等分别体现西堤六桥和雷峰塔等风格。园林既取法于大自然，利用自然，使人置身于大自然之中，又有人工创造的迭石山、雕石栏杆、宫殿庙宇等美丽景物。建筑布置上充分利用园内地形，如谐趣园水面曲回，则围建形状各异的建筑。借景手法也巧妙利用，一些眺望点，使观者把西山、玉泉山尽收眼底，似成园中景色。园内各组景色联系巧妙，曲径、高台、游廊、亭阁起到因借、衬托的绝佳功效。园内建筑物有很高的创造，宫殿富丽堂皇，布局严谨，又与紫禁城内的有所不同；佛香阁地位突出、气势雄伟；五色琉璃塔筑成的牌坊和智慧海殿，高踞万寿山顶点，衬托佛香阁。阁下为排云殿，与佛香阁格调统一。万寿山前山建筑群总体布局堪称精彩之至。昆明湖中石舫楼榭有欧洲风格。

圆明园全园由圆明园、长春园和万春园三园组成。兴建于康熙四十八年（1709），毁于第二次鸦片战争英法联军之手。圆明园面积很大，又乏真山真水，全赖人工筑山挖湖，故既要生动，又要避免杂乱，难度很大，设计者巧妙地解决了这个问题：正门前和正门内为建筑群，安排六部和听政朝会，后面为九岛环绕大片水面所成的居住区。区后诸多水景，以假山起伏分隔成区，并有溪水萦回围护。园内景物以水为主。园东为长春园和万春园。长春园中又有一批欧洲建筑"西洋楼"，为石质建筑，雕刻精细华丽，尤以远瀛观最为壮观。圆明园福海西边有舍卫城专仿苏州街而建。

如此壮丽并被欧洲人称为"万园之园"的圆明园，竟被英法联军劫掠一空并付之一炬，这是对人类文明的犯罪，将永远受到谴责。

西苑（三海）明代即成北、中、南三海，清代在三海中又增修建。清帝居于北京城内时，常于西苑处理政务，召见大臣。三海水面夹于紫禁城与西宫间，水的生动自然与宫殿的威严庄重形成对比，更具特色。北海中，顺治八年（1651）于琼华岛上建成一座白色喇嘛塔，形成北海园景中心。乾隆时又于岛上增建若干亭台楼阁，在岛北修弧形长廊，更添秀色。北海东、西两岸均少建筑，从而使琼华岛景色更显突出集中。与琼华岛的雄伟相对比，东岸的土山与林后又有比较幽静的小庭园。北海不失为清代建筑艺术的代表作之一。

在宗教建筑方面，清代的建筑应提到西藏的布达拉宫。传说这座宫殿始建于松赞干布王时期，文成公主与松赞干布结婚后也住于此处。现存建筑主要是从顺治二年（1645）五世达赖时期开始建造的，主要工程用时50多年，后仍有续建。布达拉宫依布达拉山而建，平楼13层，楼上有3座金殿，殿下有5座金塔。整座建筑从山腰直接建起，故实际效果不止13层。主体建筑（红宫）体积最大，位置适中，色彩鲜明并有重点装饰，故建筑主体非常明确。红宫内有经堂、佛殿、达赖喇嘛受参拜的殿堂等。经堂为红宫内最大殿堂，可容500喇嘛诵经。

此外，康熙三十五年（1696）内蒙古还建有席力图召喇嘛寺。全寺建筑多用汉族形式，主要建筑大经堂则为汉藏混合的建筑形式。承

德离宫外的武烈河与狮子沟东北面丘陵地带，自 18 世纪初陆续建有溥仁寺（1713 年建）、普宁寺（1755 年建）、溥佑寺（1760 年建）、安远庙（1764 年建）、普乐寺（1766 年建）、普陀宗（1770 年建）、殊象寺（1774 年建）、须弥福寿（1780 年建）等，共 11 座喇嘛寺，现存 8 座，通称外八庙。在甘肃省夏河镇西，有拉卜楞寺［始建于康熙四十八年（1709）］。

在陵寝方面，清朝陵寝集中在河北遵化和易县，即所谓东陵和西陵。与明陵相比，清陵各组陵墓都有各自一套完整布局。明十三陵共用一个神道，而清各陵都有各自神道，包括牌坊、大红门、碑亭、华表、石人及石兽等。清陵另一不同之处在于，坟丘为月牙形。

此期建筑技术进一步发展。清代琉璃品种增多，质量提高，圆明园中有桃红、翠绿等诸颜色，地方建筑中则有孔雀蓝、孔雀绿及绛赭等色琉璃。由于采用加铁活拼合料，已大大减少整根大木料的使用（天坛祈年殿柱子就是一例）。施工兼设计传统，在清代被分工代替：样房专管设计，算房只估工算料。热河行宫中的戏台也为解决音响问题采取了一些设施。

在清代的宫廷及园林的设计建造中，雷氏家族贡献突出。雷发达（1619—1693）在康熙年间曾主持清宫殿三大殿工程。之后，雷家历代（共七代）都在清宫廷设计机构样房掌案，历时200余年，人称"样房雷"。避暑山庄、清漪园、圆明园、玉泉山、香山离宫、三海诸园林，以及昌陵、惠陵等工程，均由雷家主持设计建造。雷发达一家在建筑设计图样的革新创造和"烫样"的广泛应用方面，对建筑学贡献尤为突出。

雷氏一家设计图样的独到之处，包括三个方面：一是根据具体条件，通盘规划，有序设计；二是平面图与个体透视图有机结合的画法；三是根据实际需要，能采取不同比例绘制图样。北京图书馆现存有几百幅雷家设计的图样，"大者盈丈，小者数寸，有极潦草的初稿，有屡经贴帖、改削之副本，亦有黄签进呈的精样，杂然并陈"。这些图样与现代建筑设计较为相近。雷氏一家在设计图样基础上，还广泛制作和应用"烫样"。烫样就是实际建筑的缩微模型，以硬纸板为材料，分片安装，并用沥粉在屋顶烫出瓦垄。这种立体缩微模型，与实际建

雷发达

雷发达被誉为近代世界著名的建筑艺术大师。康熙中期，他修建了故宫三大殿（太和殿、中和殿、保和殿），其中规模最大的数太和殿，也就是人们泛称的金銮宝殿。

筑成严格比例关系，便于观察外部结构，也适于拆卸观察内部结构。

　　2. 晚清的建筑

　　鸦片战争后，中国的建筑发生了巨大变化。

　　变化之一，是在出现了新城市的同时，旧城市也面貌大改。在鸦片战争后，英国根据不平等的中英《南京条约》霸占了香港岛，在其经营下，在中国人民的辛勤劳动下，近代香港城市出现了。甲午战争中国战败，日本割占了台湾，经营整整 50 年，一些近代城市也随之出现。德国和沙俄在光绪二十四年（1898）分别"租借"了青岛和旅大。日本又于日俄战争后攫取了旅大。于是青岛和大连都以荒凉渔村发展为近代城市。这些城市都是殖民地城市，清政府无权管辖。由于侵略者独霸城市，把它当成扩大侵华的据点，故全力经营，重视城市建设。市政工程与公用设施受到重视，上、下水道齐全有效，马路系统科学合理，有煤气、电力供应，讲究绿化。但实行民族歧视，日本人居住区域风景秀丽，住宅漂亮，远离工厂区和闹市区，而中国人居住区街道狭窄，房屋低矮。城市建设讲究长远规划，建市之初即在道路、交通设施等方面考虑到城市规模扩大的问题。

　　还有一类城市，便是有租界的城市，如上海、汉口等。帝国主义在市中建有租界，刻意经营，城市规划、居住区、道路系统、市政工程与公用设施等方面均很有章法。但上海既有公共租界，又有各国租界，各自为政，总体混乱。租界与中国地界又各成系统。因此上海出现了交通拥挤、道路不成系统、工厂分布盲目、公用设施老化陈旧、居民住宅密度过大等诸多问题。旧有城市也有发展变化。在北京，光绪三十年（1904）始有石渣路面，光绪三十四年（1908）有了自来水供应。光绪二十六年（1900）起，较大的工厂出现了（长辛店机车厂于当年创建）。体现半殖民地特征的教堂、修道院及"文化""慈善"

机构等均已出现。清廷还被迫同意将东交民巷划为使馆区。

变化之二，则是新类型建筑的出现。各种工厂及银行大批出现。欧式、日式建筑在沿海城市中已很普遍。医院、博物馆、公园、体育场、大百货公司、影戏院也出现了。

变化之三，是建筑技术的发展。建筑的基础，多用砖石和钢筋混凝土。

钢筋混凝土基础作大型建筑时多用方脚柱墩式，框架结构出现后，又多采满堂红或箱形基础。光绪二十四年（1898）所建上海电话公司，便为中国首座钢筋混凝土框架结构建筑。在建筑物的墙、柱、楼层等主体结构方面，采用砖（石）木混合、砖（石）墙钢骨混凝土、钢框架、钢筋混凝土框架四种材料。光绪二十七年（1901）建的上海俄华道胜银行，即采砖石钢骨混凝土混合结构。屋顶结构已与旧式梁架迥异，木桁架和木架钢弦桁架已用于大跨度建筑上，钢桁架广泛用于厂房，三铰拱钢架广泛用于大跨度库房。壳体结构首用于宣统二年（1910）南京南洋劝业会场，是为钢筋混凝土制薄壳拱侨。钢筋混凝土平顶、钢筋混凝土刚架屋顶等，也得到发展。建筑新结构的进步还可用铁路桥梁说明。光绪二十九年至三十一年（1903—1905）建造的京汉铁路黄河大桥长 3010 米，计 102 孔，是最长的钢桁架桥。另外，光绪三十三年至中华民国元年（1907—1912）建造的津浦路黄河大桥也采同一种结构，桁跨 164.7 米，是为最长的桁跨。

沿海殖民地城市的出现及列强对城市中租界的经营，是晚清中国主权丧失的表现，但它在科学上的意义则是近代城市规划与建设的引进以及直接或间接地影响和促进晚清中国城市的发展。建筑技术的改进，适应了资本主义工业、商业、交通运输业及近代城市生活方式的巨大变化，是中国建筑技术上的一次重要飞跃。

三

农业与
水利科技

（一）农业科技

1. 农业生产工具

　　农业生产工具在宋元时期已基本定型化，明代少有发明创造。清代
农业生产工具基本上是继承，某些方面有少许发展。

　　整地所用农具，包括耕掘农具和耙平农具，前者主要是犁、铁锨、
钉耙、铁搭、铁镬、铧等；后者主要是耙、耖、耢、碌碡（南方木制，
北方石制）、砺（与碌碡相似，外有列齿，独用于水田）等。

　　栽种农具主要有耧车、劁子、耠子、点葫芦、石蛋、石椿、挞、秧
弹等。

　　中耕农具水田用耘荡，旱田多用锄头，亦有少数地区间用耘锄。

　　收获农具最常用者即为镰刀，用于割麦、稻等作物。犁、锄、钉耙

铁锨

铁锨是用熟铁或钢打成长方形片状，一端安有长的木把儿，用于铲沙、土等东西的工具，也是农村家庭的必备农具。

钉耙

钉耙指作碎土、平土农具的用铁钉做齿的耙。"钉耙"是土家十大农具之一，其在土家人中是十分重要的农用工具，它主要是用来扯田坎、抓牛屎粪等。

用于山芋、花生、马铃薯等物收获。打场农具主要有石磙、外椔枷、拌桶、打落床、飏扇等。

谷物加工农具有磨、碾、砻、杵臼、水碓等。

运输工具有马车、牛车及人力扁担等。

灌溉农具最普遍使用的为辘轳、戽斗、木桶等。此外，较常用的有人力手摇、脚踏两种水车，还有畜力水车。沿海地区亦可见风力水车。

清代对传统农业生产工具的发展方面，首先应提到深耕犁。之前，中国古代耕深较浅，有"老三寸"之说。清初已出现深耕犁。清人杨屾

石碌

石碌是大青石做成的，是我国劳动人民发明的一种脱粒农具，20世纪90年代以前，农场乡下打谷场上经常见到的一种石器农具。

马车

马车是马拉的车子，或载人，或运货。马车的历史极为久远，它几乎与人类的文明一样漫长。随着火车和汽车的出现，马车的黄金时代宣告结束。

扁担

扁担是放在肩上挑东西或抬东西的工具，用竹子或木头制成。扁担还是生产生活中的用具之一，尤其是山区交通不便的地方，依旧是搬运货物的便捷有效的工具。

（1699—1794）撰《知本提纲》，曾具体谈及深耕犁的情况。大致为以土之刚柔，选用不同规格的耕犁，并配一至三头数量不等的耕牛，使耕地深度或数寸，或尺余，甚至二尺。此外，道光年间杨秀元撰《农言著实》，提到晚清关中地区出现新锄——漏锄。其锄锄地不翻土，是北方干旱少雨地区保墒较理想农具。再有陈崇砥在同治十三年（1874）著《治蝗书》，提到北方捕捉黏虫的滑车。其车实为带一布袋的小独轮车，人推其车行于垄间，车旁插尺拨动禾苗之上黏虫，使其滚落布袋之中。不失为简便有效的灭黏虫工具。

2. 土地利用与改良

清代人口激增，人多地少矛盾越显突出，充分利用和改良土地就成为非常迫切的问题。

盐碱地的改造，在多水地区多用引水洗盐、种稻洗盐等传统方法，北方缺水，许多地方便不宜使用此种方法。清代（不迟于乾隆四十三年，即1778年）已出现种植苜蓿等绿肥先行暖地、治盐改土的办法，还出现了深翻换土和植柳治盐碱的技术，均行之有效。

3. 耕作栽培

清代复种因人多地少而获显著发展。在黄河流域，自乾隆中期（18世纪中叶）以后，山东、河北及陕西的关中地区，普遍实行三年四熟或两年三熟制。东北等处则是一年一熟。中国北方传统的种植制度在晚清（19世纪前期）基本定型。

在长江流域的中下游地方，基本上实行一年两熟制，如双季稻和稻麦两熟两种类型。也有的地方是一年一熟，有的地方则是一年三熟。清末，三熟制有较大发展，如湖北有稻、稻、麦三熟，湖南有洋芋三熟和绿豆三熟。

珠江流域基本上是一年两熟，即双季连作稻，有的地方在二熟后接种大麦、油菜，是为三熟。清末，两熟制又有新形式，如稻薯两熟、花生番薯两熟及花生两熟等，三熟制也发展了稻稻豆、稻稻菜、稻稻薯等形式。

在台湾，清之前仅一年种一次水稻。清末（19世纪中叶）已出现二季稻，而在南部地区，三种三熟的三季稻也发展起来。

土壤耕作制度方面，北方旱地与南方水田是不一样的。在黄河中下游，有防旱保墒的翻耕法和耩种法。前者包括耕耙耢压诸环节；后者即在麦后开沟播种黄豆，不耕而种。在陕西的关中地区，5月收获冬季作物后，实行夏季休闲，然后再种小麦。夏季休闲目的在于保墒。陕西杨秀元《农言著实》详叙了具体做法：收麦后及时"抈地"以避免"茅塞"，即尽快浅耕以除杂草，抈地后以"大犁揭两次"，目的在于深耕蓄水护墒；播种之前再行耙耢收墒。

在南方，水田的耕作需犁、耙、耖。稻谷收后种植旱作物如麦、菜等，则开沟泄水、作畦。盛行间作套种地区，采取免耕播种插秧方法。

4. 新作物的引进

自明代开始的海外重要作物的引进，到清代又有新的发展。

清初顺治年间（1644—1660），玉米种植还不普遍，唯山区种者稍多。玉米适应性强，产量高的优点，渐为人们所认识，玉米在山区和平原均有很大发展，19世纪后已成为较重要的粮食作物。

番薯在明时从外国传到福建和广东。清初开始逐步在浙江及长江流域发展起来。自乾隆初年（18世纪中期）起，北方之河南、陕西、直隶等省份也迅速发展。番薯已成为清代中国农民的重要口粮之一。

花生于康熙年间在闽、粤、浙、湘及台湾等处已有种植。北方种植花生晚于长江流域。但在乾隆年间，也得到较大普及。19世纪后期，传教士从美国带来大粒花生品种，并在山东蓬莱落地安家。花生在清代已成为重要的油料作物。

　　烟草传入后，迄 18 世纪末叶，种植遍及全国。从南到北，还出现了如福建浦城、浙江塘西、湖南衡州、山东济宁等著名烟草产地。

烟草

烟草属管状花科目，茄科一年生或有限多年生草本植物，烟草还是一种历史悠久的药用植物。

　　马铃薯最先传入台湾，顺治七年（1650）时已有种植。17 世纪后期大陆也开始栽培。云、贵、川、陕、鄂、晋等地广泛栽培。马铃薯以其生长期短、强适应性、耐贫瘠等优点，受到农民的欢迎。农民往往以之当作主食。

5. 农作物选种育种

　　清代对选种方法方面的认识更加系统化。《知本提纲》强调母本重要性："母强子良，母弱子病"。该书之注文更细述选种之法：先选肥瘦适宜之地，上底粪，播种其上；勤耕耘浇灌，成熟之时，择纯色良穗，晾晒至干，取粒保存。

清代使用传统选种方法选育出许多作物良种。清乾隆七年（1742）撰成的官修农书《授时通考》记录了全国16省的水稻品种3429个；还记录了谷子品种251个，小麦品种30余个，大麦品种10余个。这些品种分别具有早熟、晚熟、味美等特点。郭云升在光绪二十二年（1896）所著《救荒简易书》还介绍了不少耐碱、耐水、耐旱、抗虫的品种。

6. 肥料改进

清代传统农家肥始终是农业生产主要肥料，但在沤肥、施肥等认识与方法上亦有发展。咸丰二年（1852）奚诚所著《耕心农话》记载了清代创造的人粪窖粪法。该书写道：人粪性热，不宜多用，更不能未经处理即用；应在秋冬之交，将柴草等用火烧过，倒入坑中，再倾入人粪、垃圾，然后以泥封坑，来年可用。

在施肥技术上，各类农田情况均有所总结，更加系统。《知本提纲》的作者杨屾和注者郑世铎对施肥的因时（"时宜"）、因地（"土宜"）、因作物（"物宜"）不同而灵活掌握，论述甚详。提出"春宜人粪、牲畜粪""夏宜草粪、泥粪、苗粪""秋宜大粪""冬宜骨蛤、皮毛粪之类"；在"土宜"方面，提出"随土用粪，如因病下药"，阴湿地用草木灰，沙土地施草、泥粪，黄壤用渣粪；关于"物宜"，提出蔬菜宜施人粪，麦粟合用黑豆粪及苗粪等。对此，《农言著实》

梅豆

梅豆是用梅子、糖、红曲掺和着煮成的熟黄豆。在北方，梅豆也指一种蔬菜，在南方叫作豌豆。

《救荒简易书》及许多州、县方志均有总结。

清代绿肥种类有所增加。如梅豆、菜籽、稆豆（鹿豆、卢豆）、拔山豆、红萍、黑豆、小豆、黄麻等，均可作绿肥，被人们所认识。

清代对大豆根瘤的肥田性亦已有认识。时人王筠撰《说文释例》称："细根之上生豆累累，凶年则虚浮，丰年则坚好。"

7. 园艺

清代蔬菜种类又有增加。其中最为明显的有两个方面。一是作为人们主要蔬菜的白菜品种增多，有长梗白、香青菜、矮脚白、苔菜、红白菜等；二是外国蔬菜传入，如洋葱、菜豆等菜，均在清代首见记载。

蔬菜栽培术更臻完善。陈淏子（1612—？）所著花卉名著《花镜》于康熙二十七年（1688）问世，内中细述育苗之法，如苗床宜高，肥力宜足，锄耕宜勤，大小粒种分别或排或撒，择天晴下种，遇旱频浇水，等等。关于蔬菜

菜豆
菜豆是一种可以食用的豆科植物，俗称二季豆或四季豆。其原产美洲，现广植于各热带至温带地区。

轮作复种、间种、套种及精耕细作等技术，在清代农家房前屋后栽培中久已被利用和提高，杨屾在《修齐直指》中对之加以较全面总结。

对于果树的嫁接和整修技术，《花镜》总结尤为系统和全面。对于嫁接，书中对季节、砧木及接穗选择均作了介绍。如时间以春分、秋分前后为宜；砧木用树宜择两三年幼苗；接穗要选于初结果实并无病害的果树之上。书中还介绍了身接、根接、皮接、枝接、靥接、搭接六种方法。陈氏嫁接术介绍之完备、周详，不仅于当时产生相当大的影响，对

今天果树嫁接仍有意义。陈氏对整形修枝技术介绍也较明确合理，如称下垂者为沥水条，枯朽条易引蛀虫，有刺身条系枝向里生，均应去掉；骈枝当留一去一；冗杂技条，起碍花作用，应去掉细弱者；去枝条或用锯或用剪，且裁痕向下以防雨浸，切不可手折，以免伤皮损干。

8. 病虫害防治

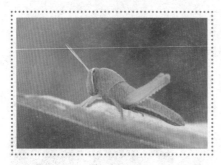

蝗虫
俗称"蚂蚱"，属直翅目，全世界有 1 万余种，我国有 1 千余种，分布于热带、温带的草地和沙漠地区。

清代对危害农作物生长的蝗虫、螟虫及黏虫的防治方面，又取得新的成果。

首先表现为大量防虫治虫专著问世，有的综合性农书则设有专章加以论述。其中仅治蝗专著即达 10 余种。如胡芳秋著《遇蝗便览》（咸丰三年，即 1853 年）；钱炘著《捕蝗要诀》（咸丰七年，即 1857 年）；顾彦著《治蝗全法》（咸丰八年，即 1858 年）。

其次，对害虫习性的认识深化了。《治蝗全书》对蝗虫习性与出没规律的总结达到前无古人的水平。该书认为，蟎有向阳、向火的特点，蝗虫一日有三时不飞：早晨沾露之时，中午交配之时，日落群聚之时；蝗虫喜干、喜日而畏湿、畏雨。

其三，灭虫手段多样化，在人工捕杀黏虫方面，发明了滑车。在农业防治方面，蒲松龄（1640—1715）的《农桑经》提出在田里夹种麻与芥，可避害虫。奚诚《耕心农话》主张收稻之后深翻土地，冬天灌水冰冻，"使害稼诸虫及子，尽皆冻死矣"。《治蝗全法》提出灭杂草以除生蟎之所。在药物防治方面，进一步发展以信石（砒霜）杀虫之法。《农桑经》提及用信石制毒谷，诱虫食之。该书还介绍以柏油或芥子末治杀麦根椿象。在生物防治方面，清代治蝗专著及一些方志均介绍驱鸭食蝗经验。

9. 畜牧兽医

清代良种鸡多种，为外国引去。泰和鸡在 17 世纪传到日本，继而由日本传到西方。九斤黄鸡在鸦片战争后先后传到英美诸国，并在整个欧洲安家落户。九斤黄还被用来育成诸如芦花鸡、奥品顿等世界名鸡。狼山鸡也因蛋肉兼用优点而于同治十一年（1872）传到英国，继由英国传至美洲和德国等国。矮鸡在 17 世纪传到日本，旋自日本传到荷兰及欧洲他国。此外，文昌鸡是见于清代文献记载的一个鸡种，主产海南岛东北，母鸡之肉似公鸡肥嫩。

中国猪种之一的华南陆川猪，以耐粗饲、强抗病力、强繁殖力，以及易熟易肥等优点，大约在嘉庆五年（1800）传入英国。旋与当地猪种杂交，育成大约克夏猪。约在嘉庆二十一年（1816）中国陆川猪又传入美国，并与当地猪种育成波中猪、白色拆斯特猪。

北京鸭在同治十二年（1873）已传入英国与美国。15 年后传入日本。见于清代记载的鸭还有：产于四川大渡河以南地方的建昌鸭，体大、肝大，形如小鹅；高邮麻鸭，产于江苏高邮、兴化、宝应地区，产蛋多有双黄者。人工孵化技术方面，清代发明"着胎施温"技术。黄百

◦ 蒲松龄
蒲松龄是清代杰出文学家、优秀短篇小说家，其代表作是《聊斋志异》，他还有大量诗文、戏剧、俚曲以及有关农业、医药方面的著述存世。

家著《哺记》，详述其法：在暗室"穴壁一孔，以卵映之"，通过阳光来观察蛋肉发育情况，根据需要调整温度。孵化方法上，清代有坑孵、缸孵和桶孵三种。

饲养管理技术方面，杨屾在乾隆年间（18世纪中期）撰《豳风广义》，总结了农家饲养猪的丰富经验，以"六宜""八忌"予以概括。"六宜"大致为：冬暖夏凉；小圈以利长膘增肉；喂发酵饲料；挑拣料中杂物；清除猪身虱虫，并及时打去贼牙；以药防瘟。"八忌"大致是：公母不同圈，防嬉闹不食；防圈潮湿；忌惊吓；勿急驱赶；饲喂时间忌失常；勿重击鞭打；忌狼犬入圈；忌"误饲酒毒"。

兽医方面，光绪十七年（1891），《猪经大全》问世。对猪的50余种常见病的症状及治疗措施述论较详。乾隆年间李南晖编成《活兽慈舟》一书，标志兽医防治理论和实践的创新。根据现存光绪年间夏慈恕整理刊印本可见全书20万字，分黄牛、水牛、马、猪、羊、狗、猫七部分。该书已认识到，家畜传染病的出现是由于"疫气"这个传染源的存在，而且传染病流行具季节性。该书还认识到"瘟人染畜，俱当避之。牛马染症，豕当避焉"，即应注意防范人畜之间、各种牲畜之间交叉传染。全书载240症，用方剂、单方700多个，此书涉及全部家畜，亦为特色。此外，乾隆二十五年（1760）张宗法撰《三农纪》记有针刺鸭胫掌，治愈鸭雏发风之病，说明针灸已用于禽病医治之上。

10. 植茶与蚕桑

传统植茶技术在清代也有明显进步。清之前的茶树繁殖，均采用直播下种方法，到清代有了很大改变。改变之一，出现苗圃育苗移栽法：在平整过的地里挖坑，坑之间距离纵横均为二尺，每坑下子若干，继则覆土，来年移植，三年后则可采茶。此法见于方以智撰《物理小识》（此书成于17世纪中期，当为明末清初之际）。之前所谓移植无活之说显系传讹。改变之二，又出现了扦插、压条二法，分见于李来章的《连阳八排风土记》和前述之《花镜》。

中国茶树及其种植技术在清代外传最多。乾隆二十八年（1763）传入瑞典。嘉庆十七年（1812）传入巴西。咸丰八年（1858）开始传入美国。向美国传播，规模甚巨，最高纪录为一年输美茶树苗12万株。于是，中国茶树在欧洲、南美和北美破天荒地出现了。

蚕桑之业，清代仍以浙江嘉兴、湖州地区为最盛之地，次为珠江三角洲。晚清官方大力在全国范围倡导推广蚕桑，但收效甚微。清代柞蚕放养在全国有了较大推广。山东农民和在外地做官的山东籍人，为柞蚕放养技术在全国传播做出了可贵贡献。河南、辽宁、陕西、贵州、四川、安徽、两湖等地，均在康、雍、乾三朝期间或迟或早地传入柞蚕放养技术。

桑树品种在清代进一步增加。栽培管理方面，清代创造老树更新法，即距地六七寸截断老树，以肥土堆于树桩之上，便发嫩条。在繁殖桑苗的嫁接术方面，清代前期和中期，普遍用"平头接"。19世纪后期，湖州桑农加以改进，不划破砧木之皮，无须桑皮缚扎，操作简便易行。

11. 近代农业科技的引进

鸦片战争之后，西方近代农业科技开始传入中国。一般来说，甲午战争之前的传播，规模较小，影响有限，形式也基本上属于粗略的介绍、一般性的呼吁；甲午战争后，以戊戌变法、晚清新政为推动，西方农业科技始以较大声势传播开来。晚清西方近代农业科技的传播大致以下面几种形式进行。

著书、撰文、上书，强调学习西方农业科技的重要性。郑观应（1842—1922）19世纪70年代所著《易言》，内中专设"论治旱"篇，讲述西人"成顷之田,四围须多种树"与抗旱的关系。及至郑氏光绪十九年(1893)刊行《盛世危言》,又设"农功"篇,主张户部专派侍郎"综理农事,参仿西法",派人"赴泰西各国,讲求树艺农桑、养蚕、牧畜、机器耕种、化瘠为腴一切善法",并写成专书,"必简必赅,使人易晓"。郑氏是近代著名思想家,改革主张影响至深。康有为(1858—1927)《公车上书》"养民"之法共有四项,首列即为"务农",要求设农学会,各地因地制宜发展农业生产。光绪二十一年(1895),康有为等人在京创办《万国公报》(四个月后改名《中外纪闻》),也登载过论述西方农业科技重要性的文章,如《佃鱼养民说》《农学略论》《农器说略》等。翻译近代农业科技书籍。咸丰八年(1858)上海墨海书馆出版了李善兰和韦廉臣合译的《植物学》,是为中国第一本介绍西方近代植物学的译

康有为

康有为是中国晚清时期重要的政治家、思想家、教育家,资产阶级改良主义的代表人物。光绪二十一年得知《马关条约》签订,联合多名举人上万言书,即人们熟知的"公车上书"。

著。光绪二十二年(1896)清政府设官书局,宗旨是译介包括近代农业科技在内的科技、经济类书籍。江南制造局附设的广方言馆和翻译馆自1868年起译出许多科技书籍,其中属于农学的书籍共9部45卷,系在光绪二十二年至三十三年(1896—1907)完成的。光绪二十三年(1897),罗振玉(1866—1940)等人在上海出版《农学报》,先后译载数百部农业书籍,其中许多译自日文版书。如《蔬菜栽培学》《农具图说》《畜役治法》《水产学》《家禽疾病篇》《马粪孵卵法》《蚕体解

剖学》《山羊全书》《害虫要说》，等等。20 世纪初，随着留学生规模迅速扩大，不少留学生也组织翻译团体，其中范迪吉等留日生译出《普通百科全书》100 册，系选译自日本中学教科书和大专程度参考书，光绪二十九年（1903）由会文学社出版。内中有不少属农业科技类，如《植物新论》《植物学问答》《植物学新书》《植物营养论》《农艺化学》《土地改良论》《森林学》《农学泛论》《肥料学》《农产制造学》《气候及土壤论》《畜产泛论》《畜产各论》《栽培各论》《农用器具论》《提要农林学》《栽培泛论》。此外，上海新学会社、上海科学书局在 20 世纪初也翻译出版了颇有水准的园艺类书籍和农学基础理论用书，成为我国当时高级农业院校用书。

办农学刊物。前述之《农学报》初为半月刊，后改为旬刊，除译载书籍外，还发表农业科技译文，如《蔬菜栽培法》《甘蓝栽培法》《果树栽培总论》等较有影响文章，均译自日本有关刊物。此外，《农学报》还刊载清廷农业政策、各地农事消息等。各地方也办了一些农学刊物，如罗振玉出任湖北农务局总理之后，在武昌创办《农学报》；光绪三十一年（1905·）湖北农务总会又办《湖北农会报》。农学刊物对传播近代科技有着不可低估的作用。湖广总督张之洞就明令各地订购上海的《农学报》，小县三份，大县十份，"辗转传观，细心考究"。

兴办近代农学教育。这种教育包括国内兴办各类学校和派遣留学生赴国外深造。

分别于光绪二十四年（1898）春季和夏季开学的浙江蚕学馆和湖北农务学堂，开中国农业学校之先河。

浙江蚕学馆《章程》提出办学任务有四：培养蚕桑科技人才，改造蚕种，编译外国蚕桑书籍，普及蚕桑科技知识。湖北农务学堂开办宗旨为："富国之本，耕农与工艺并重"，唯有"辨土宜，察物性，广种植，厚培壅，诸事讲求，不遗余力……劝农惠工"，方为"养民之本"。

学校均教授近代自然科学和农业科技。如湖北农务学堂当年开化学、农机、植物、土壤等课。次年增设数学、电学、种植诸课。光绪三十二年（1906），学堂更名为湖北高等农业学堂，设农桑、畜牧、森林三科。课程愈多，仅农学课程就包括农学、园艺学、农化、养蚕、畜牧、水产、肥料、气象、农工、测量、物理、农政等21门课。

学校均聘有关专家任教。浙江蚕学馆曾聘在法国学习无病毒蚕种技术的江生金为蚕业课教师。后又聘日本技师为总教习。湖北农务学堂聘罗振玉、王国维（1877—1927）任教，并先后聘用美、日教习15人讲授农桑课程。后来各省均兴办起农业学堂。江苏和山西在光绪二十七年（1901）分别开办蚕桑学堂和农林学堂。直隶、山东等省也先后设立有关学堂。湖北省不仅有省级高等学堂，还有6所中等农业学堂、40所初等农业学堂。

全国最高学府京师大学堂于光绪三十一年（1905）设农科，包括农学、农化、林学、兽医4门课。

此外，西兽医教育、水产教育等也相继兴办。光绪三十年（1904），北洋马医学堂在保定成立并开学。四年后首届正科班学生毕业。宣统二年（1910）直隶水产讲习所设立，标志着中国近代水产教育的发端。

晚清出洋留学，在"新政"之前，少习农科，多攻制造、驾驶之学。戊戌变法唤起了国人对农业的重视，遂在"新政"中大批出国留学，并不乏选攻农科之人。清政府还专门选派一些学生去国外习农。光绪三十一年（1905）清政府选派30名学生去日本学习农科。光绪三十四年（1908）北洋马医学堂首届正科班毕业生中的朱建璋等5人被送往日本东京帝国大学留学，同时选派若干人去日本种马场见习。此外，在美国及欧洲留学者也有攻读农科的。留学者胸怀改变中国落后面貌的目标，发愤读书。他们中的许多人学成归国，成为中国农业科技领域的骨干力量。至辛亥革命之前，仅在日本农科毕业的中国留学生就有58人。

建立农业科研机构。光绪三十三年（1907），清政府首先在北京西直门外乐善园官地设立直属农工商部的农事试验场，内设农林、蚕桑、动物、畜牧诸科，进行科研活动。次年，清政府要求各地均设立农事试验场。晚清奉天农事试验场规模较大，光绪三十二年（1906）创办，有地1300多亩，在全省许多地方建有分场（计12个），并有牧，如直隶、山东、江西等省，也都设立起来。湖北省农事试验场成立于光绪二十八年（1902），初在武胜门外多宝庵，光绪三十四年（1908）另拨修堤后涸出官地2000亩为试验场。

直接引进国外农业技术。在农具方面，最早见于记载的当属光绪六年（1880）津郊百余里之处，有人以机器耕作大片批租荒地一事。一些省份的农事试验场都从国外购入新式农具。光绪三十二年（1906）山东农事试验场分别从美国、日本购进几十种农具。奉天（今沈阳）的试验场购进的外国农具有各种犁；割麦、割草机械；玉米播种、脱粒机械等。晚清东北开禁垦荒，黑龙江等地成立起较大规模的农垦公司，这些公司已使用了拖拉机进行开垦。应当指出，上述耕作机具还仅试用于试验场或使用于少数垦荒企业，广大小农根本无力购置。近代农具应用于农户较多者还属轧花机具。据载，新式轧花机系人力脚踏型，一人一日之力可出净花300斤，抵人工10倍。湖北荆沙棉区仅在光绪二十九年（1903）就购进铁制轧花机4000多具；湖北江口在光绪三十年时使用此机已达1200具。即便如此，新式农具在广大农村仍是沧海一粟，绝大多数农家仍然与简单的旧式农具为伴。

晚清引进美国等国陆地棉种是一项影响较大、规模较大的举措。湖广总督张之洞是美棉种引进的大力提倡者。张之洞是清政府洋务集团后期代表人物，兴办洋务实业可谓不遗余力。任内建起大型织布、纺纱近代机器工业。然而，湖北虽为传统棉区，但棉质低劣，难以适应机器生产所需。张之洞接受英国工程师考察鄂棉后的建议，决定引进美国陆地棉种入鄂，自光绪十八年（1892）至光绪二十年（1894），三次下令产棉州县试种美棉。初次购进棉种34吨，但分至各州县为时稍迟，加上下级官吏不重视，以及棉农不识特性按土棉株行距密植，故第一次试种几无成效。第二年张之洞又将由美运来百余担棉种并译印的美棉种植法发至州县农户，并令秋后高价收购。此年秋季所收洋棉较上年为多，故张之洞又在第三年下令再试种一次。唯因甲午战争张氏调任两江总督，种棉受到影响。可见，张氏推广美棉之效果不佳。

张氏不懂科学，习惯于长官意志办事，不进行必要的试验和驯化，即大面积试种，其劳民伤财势所难免。但在开通风气和积累经验教训方面却有很重要的意义。

此外，光绪三十年（1904），清政府农工商部由美国购进陆地棉种，在江苏、浙江、两湖、山东、山西、河北、河南、陕西及四川等地交给农民种植。

在农作物选种育种新法引进方面，还应提到的就是一些试验场进行了水稻引种及选种、育种试验。如芜湖农务局在光绪二十九年（1903）引进日本旱稻品种"女郎"号，进行试种。四川劝业道农事试验场征集国内农作物品种达1300余种。

化肥（硫酸铵）迟至光绪三十年才引进施用，而且应用面很有限，基本上处于宣传和试用阶段。畜牧兽医方面，光绪三十三年（1907）奉天农事试验场种植国外牧草，计37种。光绪三十一年（1905），清军引进欧洲马种及养马技术。四年后察哈尔两翼牧场有欧洲（英国和俄国）种马及蒙古杂种马 41 匹。晚清还进行了不同马种之间的杂交改良工作。专门的畜牧公司企业也在晚清创办。光绪三十一年（1905）陈鼎元在厦门建饲养牛、羊、猪、鸡的畜牧公司，集股 3 万元。两年后，又有人在浙江创办兼事种植和畜牧的垦牧公司，集资 10 万元，采日本新法。诸如此类兼有畜牧经营内容的农业公司在清朝末年还有几个。光绪二十六年（1900）和光绪三十一年（1905），上海分别应用家畜结核菌素反应和实行牛乳卫生检验。在蚕桑业方面，浙江蚕学馆兴办伊始，即制造改良蚕种，每年两三千张到四五千张不等。上海农学会的种场也制造改良蚕种，所养蚕种有绍兴蚕种，也有日本蚕种，并进行了两者的杂交工作。在渔业方面，近代著名实业家张謇（1853—1926）于光绪三十一年（1905）在上海创建江浙渔业公司，拥有"福海"号德国产蒸汽机拖网渔船，在东海捕鱼作业，是为中国机动船捕鱼之嚆矢。

张謇纪念馆

张謇纪念馆位于江苏省南通市，是为纪念张謇先生而修建的。1988 年列为市级文物保护单位，2002年被江苏省委宣传部命名为"省爱国主义教育基地"。

总体看来，西方近代农业科技在中国广大农村的生产活动中的作用是不大的，基本上还处于宣传、介绍和试验阶段。起步迟缓和农村普遍贫困落后，是形成这种局面的重要原因。

（二）水利科技

清代水利的发展，大致包括北方黄河等河流的整治、疏浚，各灌区水利工程的修建，以及南方海塘堤围工程的修筑等。大体上，清代前期和中期水利建设规模大，工程多，而到了鸦片战争之后因经济凋敝，水利建设发展缓慢，某些方面甚至停滞不前。近代科技有少许的引进和使用。

1. 靳辅、陈潢对黄河、运河的整治

黄河久为害河，而运河这条连接江南与北京的运输大动脉却因黄河泛滥累遭壅塞、停运之灾。明前期治黄，为减汛期下游水势，多用分流之法，结果淤塞更甚，决口不绝。明末潘季驯筑堤束水、以水攻沙，不失为一项创举。惜中上游沙源依旧，河床高度累增，堤高也累升不断。清入关初，连年用兵，无暇治黄，致水患不断，灾害加剧，史载，康熙元年（1662），河南黄河决口，"大梁四面水围毕，余波冲倒郑州城，中牟县去十之七，支派偏满蓬池乡，张扬一市无居室，三十六坡尽泽国"。四年后，桃源又决，《清史稿》记载："沿河州县，悉受水患……水势尽注入洪泽湖，高邮水高几二丈，城门堵塞，乡民溺毙数万。"康熙九年（1670），"淮扬二府，于五月终旬，淮黄暴涨，湖水泛滥，百姓田亩庐舍被淹"。康熙十五年（1676），黄河高家堰大堤和运河大堤各决口 30 余处，淮扬二府七县受淹，漕运中断。黄河肆虐，封建统治者也备感不安。一则百姓流离失所，啼饥号寒，极易铤而走险，威胁到统治秩序；二则京师岁耗数百万石江南之米，无不仰赖运河运

给，若运河长期停运，京师无粮，统治机器将面临停止运转。康熙皇帝决意治河，乃于康熙十六年（1677）任命靳辅为河道总督，总管修河事宜。

靳辅（1633—1692），字紫垣，辽阳人。祖籍济南历城镇（今历城区），自始祖靳清明初戍守辽阳起始定居辽阳。顺治中期由官学生考授国史馆编修。后历任兵部员外郎、郎中、通政使司右通政、内阁学士、安徽巡抚等职。受命治河，历时11载，疏浚黄河故道，开挖黄河引河，修堤筑坝，建设涵洞，终于使黄河复归旧道，决口得到堵塞；还疏通漕运，修筑中运河，保证运河安全、通畅。靳辅的功绩，深得康熙皇帝嘉许：江南淮南诸地方，自民人船夫，皆赞靳辅，"思念不忘。且见靳辅浚治河道，上河堤岸修筑坚固。其与河务，既克有济，实心任事，劳绩昭然"。实际上，靳辅治河之功，是与其幕僚陈潢杰出的才能分不开的。

陈潢（1637—1688），字天一，号省斋。浙江钱塘（今杭州）人。陈潢自幼聪慧，喜好读书，稍长，对经世致用之书和农田水利知识尤感兴趣。也曾欲博取功名，但屡试皆北，遂专心于实事。康熙十年（1671），陈潢流落邯郸，慨叹知己难遇，生不逢时，适值靳辅由京师赴安徽巡抚任途经邯郸。靳辅深知陈潢才堪大用，乃援为幕僚，并引为知己。安徽巡抚任上，靳辅得陈潢相助，深得民望，而靳对陈也越发敬重。陈潢年轻之时曾沿黄河实地考察过，足迹远至宁夏、甘肃，对黄河有较深刻了解和认识，故对治河充满信心，并鼓励靳辅，使其打消了赴任河道总督的畏难心理。治河伊始，两人就矢志同心。治河的方法、计划，几乎都是由陈潢提出，靳辅批准而实施的。靳辅赏识陈潢之至，曾向康熙介绍过陈的情况，并在奏疏中恳请朝廷如若自己故去，当让陈潢续佐继任河督。陈潢以功得任金事。靳辅临终前不久，还向朝廷反映陈潢功绩："凡臣所经营，皆潢之计议。"

陈潢在治河理论和技术上有不少创造发明，并应用于治河之中。他发明了测水法。此法相当于现在的测量流速、流量的方法。测水法的发明，使工程的设计和施工更形准确，避免了盲目性。"减水坝"是他的另一创造。河床窄处，堤坝受水力冲击最大，于此处开渠，引水至河床宽阔之处，可保河堤不因水涨而受损。针对黄河沙多易淤，急水可解的特点，他创造了缕堤和遥堤。缕堤用于平时，使小水也能保持较快流速；遥堤在汛期阻挡洪水。他还发明了引河堵决法。黄河决口改道后，欲堵决口并复故道，无须直接先堵决口，而可先在淤积的故道上开浚数道深沟，再于决口上游择地开挖引河，直通故道。这样一来，决口不堵自无，故道归复，且引河之水循故道所开深沟急泻，淤沙可除。他的发明中还有一个叫放淤固堤法：河堤不牢之处，可建涵洞，引黄河之水灌注；于月堤之下修建涵洞，让清水流到月堤之外，堤里洼地即可积淤而成平坦陆地。一举两得：取土便利，堤基更牢。

靳辅和陈潢二人在 11 年的治河生涯中，以科学态度和较先进的理论、方法，不断取得治河的胜利。堵塞决口和归复黄河旧道的工程自康熙十七年（1678）始，至康熙二十二年（1683）年结束，计划全部完成。洪泽湖一带的高家堰坦坡及 30 余处决口堵塞工程在康熙十七年结束，次年翟家坝堵塞工程竣工。在整治运河方面，至康熙二十二年止完成的工程有：第一，疏通骆马湖漕运。运河之船向来出清口即沿黄河溯行 200 里，自宿迁骆马湖运河口再行北驶。鉴于骆马湖运河口积淤断航，乃将北运河口下移张家庄。第二，移运河南运口至远离清口的七里闸，黄河内灌运河风险减少。第三，挑浚江都至清河 300 多里的运河河道，堵塞包括清水潭 2 里长决口在内的 32 处运河决堤之处。康熙二十五年（1686）到康熙二十七年（1688），靳、陈二人为确保漕运船只安全，又进行了基本上是黄、运二河脱离的中河工程修建。上述之移北运河口至张家庄后，漕船出清口需在黄河溯行180里。浅滩、急浪、重载逆行，诸多危险和不便。为解决这一问题，乃在骆马湖起，于北岸遥堤、缕堤间开名为中河的新河。船出清口，仅溯黄河数里即进仲家庄闸驶入中河。人称中河有"百世之利"。

靳辅在陈潢帮助下取得治河杰出成就，本来是他们再显身手的有利时机，但在封建社会却难有充分发挥才干的可能。先是，康熙及一意逢迎康熙的安徽按察使于成龙，主张疏浚下河入海故道，以求根治。靳辅则以下河地低，浚海口必使海潮内侵为根据加以反对，主张应代之以沿海筑堤以挡海潮，并以减少下河地区来水着眼，提议于运河东堤复筑大堤，把运河减出之水排入黄河。康熙未予采纳。后靳、陈二人为补充河工经费，把堤决之后涸出农田中的无照章纳赋部分充作屯田，此举触犯了一向谎报亩数以避田赋的地主豪强，一时议论很大。于成龙趁机无中生有，攻讦靳辅治河举措。康熙不辨是非，竟于康熙二十七年（1688）把靳辅革职，把陈潢解京监候。陈潢至京不久便郁积含冤而死。康熙三十一年（1692），康熙再度起用靳辅为河道总督，但靳辅年老多病，当年便故去了。

靳、陈均有治河之书传世。靳辅著有《治河方略》和《靳文襄公奏疏》。前书乃于康熙二十三年（1684）奉旨编写，备后人借鉴，实际此书内容基本是陈潢治河理论和主张。陈潢著述本多，惜散失大部，后人经收集编成《天一遗书》和《河防述言》。这些书至今仍有重要的参考意义。

2. 黄河灌溉工程与畿辅水利

宁夏灌区在清代有明显的发展。除对原有唐徕渠、汉延渠进行疏通和扩建外，清中期开凿了大清渠、惠农渠和昌润渠。从而形成了五大干渠网络。最盛之时可灌田百万亩。但至晚清，疏于管理，不少渠段为水冲毁或自行埋废。仅为灌溉余水所淹土地即达 80 万亩。

河套灌区虽创始于汉唐，但几经兴衰。鸦片战争前后，邻近省份农民渐次移至该处，在黄河岸边垦荒耕植，开渠浇灌，致灌区又盛。光绪二十九年（1903），官府统管渠道，有大干渠、小干渠分别为 9 条和 20 余条。

关中地区在乾隆时水利工程较多，基本是对前代的继承和整修而成的。但晚清许多地方已难启用，受溉面积锐减。

在畿辅水利方面，康熙年间修治了卢沟。卢沟，又名桑干，为古漯水一支，源出山西马邑县北之雷山。因至北京时流经京西郊卢师山之西，故名卢沟。此河经常泛滥，河床迁徙无常，也有人称其为无定河。水色混浊，也有称作浑河、小黄河的。此河泛滥，北京备受威胁，康熙

卢沟桥
卢沟桥位于北京市，因横跨卢沟河而得名，是北京市现存最古老的石造联拱桥。1937 年 7 月 7 日，日本帝国主义在此发动全面侵华战争，史称"卢沟桥事变"（亦称"七七事变"），中国抗日军队在卢沟桥打响了全面抗战的第一枪。

七年（1668）一场大水，竟冲坏北京南通道卢沟桥"十有二丈"。康熙乃亲自督修卢沟，由直隶巡抚于成龙具体负责。河身疏浚，岸筑长堤。四年后工程竣工，改卢沟为永定河。永定河确给沿岸带来近200年的安定。至清朝末年，京畿水利失修，永定、大清、滹沱、北运、南运诸河，原有闸坝堤埝，无一完好，减河引河，无一不塞。

3. 新疆水利

新疆的屯田，直接推动了水利建设。雍正时屯田集中于哈密，乾隆时则推广至全疆各地。乾隆二十九年（1764）在巴里坤屯田，先后在两年中开渠33里。嘉庆时，伊犁为屯田中心，伊犁河北岸曾建大渠与通惠渠；伊犁河南岸的锡伯族驻军在察尔查尔山口引水，开渠长200多里。道光时南疆成为水利重点区域，吐鲁番堪称水利首盛之处。清末，全疆干渠和支渠分别为944条和2303条，受益土地达119万亩。清代新疆水利成就的取得，归于统一和较安定的环境与秩序。

气候干燥，风沙凶猛，使新疆水利面临水易蒸发，渠道易埋的威胁。清代已应用于南、北疆的坎儿井技术[①]，较好地解决了这一问题。坎儿井包括暗渠、明渠和竖井三部分组成。以竖井探水源、挖暗渠，以暗渠引地下潜水至明渠，以明渠径溉农田。防蒸发，避沙埋，又利用潜水，效果甚佳。在清初、中期，南、北疆许多地方，都有坎儿井。鸦片战争后，林则徐遣戍伊犁期间，重视水利，也曾提倡和推广过坎儿井技术。

4. 北方井灌与利用山泉

北方少雨，地表水资源缺乏，故发展水利比较重视利用地下水。地下水的利用，包括井灌和引山中泉水，其中井灌尤为重要。清代河北、

[①] 坎儿井源于何时，迄难定论。清代文献《清史列传·全庆传》首载其事。

陕西、山西、河南等省井灌均较普遍。河北更有"井利甲诸省"之说。山西蒲州人崔纪，在康熙二十八、二十九年（1689、1690）秦中大旱中，亲眼看到蒲州及陕西部分地方因行井灌而无人逃荒，乃在后来他任陕西巡抚时大力倡导凿井，拟新凿68980口井（崔氏获罪被革职时，约成一半之数）。崔纪认为，渭南井深最多不过三丈，而渭北深者须凿六丈；各类井的灌溉能力也不同：水力大井及豁泉大井可灌20亩，桔槔井可灌六七亩，辘轳井可灌两三亩。继任巡抚陈宏谋也很重视凿井事业，续凿许多灌井。

北方各省均有利用山泉进行农灌之例，但总体来说，未成为灌溉农业的主体部分，总受益面积无多。究其原因，一是山泉水量不多，二是北方旱地距泉一般较远，修渠引水投入较大。较重要的是泾渠上源，明时泾、泉并用，清时用泉拒泾，几个县的农田可以受益。再，太原西南50里之外有晋祠，南有二泉，曰难老泉、善应泉，旱不涸而冬亦不冻，储为晋泽，流入汾水。对晋泽之水的利用始自春秋。明时对水量的分配既有规定。雍正七年（1729）重修晋祠均匀溉田之约，以期无争，广受其益。清代直隶引泉灌溉之处亦有不少，如正定之大鸣、水鸣，邢台之百泉，满城之一亩、鸡跑，以及望都、涿州、定州、平谷等。

5. 南方筑海塘与引山泉

江苏与浙江，堪称全国最富足省份，也是清政府财富的主要来源。但该两省临江滨海，海潮袭来，为祸甚巨。封建统治者十分重视江浙海塘的修筑。明末清初，海塘失修。康熙时有所修治。雍正至乾隆间，尤其乾隆年间，对江浙海塘进行了大规模的修治和改造。

江浙海塘包括江苏、浙江两部分，北起常熟，南达杭州，全长800里。其中江苏部分基本临江，少有滨海，经由常熟、太仓、宝山、川沙、南汇、奉贤、松江、金山等县，长 500 里；浙江海塘经平湖、海盐、海宁，止于杭州钱塘江口，长 300 里，全部滨海。

雍正比较重视海塘工程。自雍正三年至八年（1725—1730），以浙江为重点，把江浙海塘整修一遍，包括：修补海宁县（今海宁市）陈文港乱石塘 25 里余，海盐县石塘 1 里，余姚县（今余姚市）土塘 12 里余；把金山卫城北至华家角一段中的部分最险的土塘改为石塘；修补自华家角至上海头墩一带土塘；等等。雍正所修海塘，基本是土塘，这也是受当时财政困难所制。雍正十一年（1745），随着财政状况的好转，雍正又下令在仁和、海宁两县境改建石塘。

乾隆年间（1736—1795）是海塘改造最彻底时期。江南河道总督稽曾筠受旨专办江浙海塘工程。他先在最险之处海宁南门外筑起石塘 3 里余。为根本解除海潮威胁，还将以前不结实的土石塘全部拆除，以鱼鳞石塘代之。所谓鱼鳞塘，是用条石砌成，外纵内横，仿坡陀形，状若鱼鳞，故名。鱼鳞石塘高者 20 层，低者也有五六层，每层之间以油灰嵌缝。塘身前后以铁锭夹固，并以马牙桩、梅花桩三路固塘基。其中浙江段最困难之处是海宁老盐仓至章家庵工程，该工程历时三年，耗银数百万两。乾隆末年，江浙海塘以全新的面貌出现了。

鸦片战争后至清亡，清政府又对浙西和江南海塘做了一些修复。

江浙海塘的修筑，保护了农业生产，促进了中国首富之区手工业、商业及盐业的发展。

对山泉的利用方面，南方较北方为广。如两广、云南、贵州、四川、福建、浙江等省，随处可见以山泉灌溉稻田。一般以塘堰在山泉下流蓄存，根据需要，随时引水入田。有的田地势高，则以筒车提水灌溉。稻田距泉较远，且有岭壑为阻，则以竹筒架槽引渡。相比较而言，南方井灌很少。

6. 近代水利技术的应用

近代测量技术在 19 世纪 70 年代已经应用。光绪四年（1878），黄河上观测水位涨落，已采用公制海拔计算高度。河督吴大澄（1835—1902）于光绪十五年（1889）主持测绘豫、直、鲁三黄地图，已采用新的测绘技术。电话手段用于河防。山东河防局自光绪二十八年（1902）开始架设用于河防的电话线。电话传递洪水情报，无疑更加快捷。此外，电站、闸坝、新式汲水机械等，也都有所应用。光绪二十五年（1899）始用挖泥船疏浚海口。宣统二年（1910），位于昆明滇池出口处的石龙坝发电厂工程破土动工。中华民国元年（1912）4 月竣工。

（一）欧洲天文学的有限传播

1.《时宪历》的颁行

中国天文学的发展在明代受到很大阻碍。为保证朱氏天下传之万世，明王朝竟于开国之初就下令严禁民间学习和研究天文历法。长达270年的明代，始终使用着元代的历法，只不过把元代《授时历》之名改为《大统历》而已。相袭日久，误差甚大，以至于国家天文台——钦天监竟接连测算日食失误。徐光启主持并起用西方传教士编纂的《崇祯历书》，介绍了较先进的欧洲天文与历法知识，本来可据以改正《大统历》，竟因晚明社会动荡，尤其保守派反对而束之高阁。《大统历》虽多错讹，竟照行如旧。

清朝建都北京，为实行新法历书提供了机会。顺治元年五月

（1644 年 6 月），传教士汤若望（Johann Adam Schall Von Bell，1592—1666）请求清廷保护天文仪器及《崇祯历书》书版。随即摄政王多尔衮命汤若望以新法正历，其历名为《时宪历》。经过对日食的测验，证明明代之《大统历》为误，唯新法准确。清廷乃令监局学习新法，并颁行《顺治二年时宪书》。顺治三年，汤若望对《崇祯历书》略加改订，改名为《西洋新法历书》进呈顺治皇帝。顺治命令监局官生习读。汤若望本人因新法正历之功，被朝廷授予要职和殊荣：钦天监监正、太常寺卿、通政使司通政使、光禄大夫、通玄教师、一品封典等等。顺治皇帝对他非常器重。

然而，《时宪历》的推行并非一帆风顺。康熙即位后的第四年（1664），吴明烜之友杨光先等人上疏参劾汤若望，攻击新法。时鳌拜等人专权，竟错误地下令废止《时宪历》，复用《大统历》，将汤若望和比利时传教士南怀仁（Ferdinand Verbiest，1623—1688）逮捕入狱，给汤若望加上邪说惑众、潜谋造反、新法荒谬的罪名，并定处磔刑（分尸）。只是因康熙五年春宫中大火，京城连日地震，统治者以为不祥，才决定从宽免死，释放出狱。汤若望与南怀仁获释后幽居北京，汤若望于康熙六年逝世。

杨光先、吴明烜成为钦天监监正、监副，但复用旧法，与天象多有不符。二人无法解释。南怀仁上疏康熙，辨旧法之误。康熙遣人实测立春、雨水节气及太阴、火、木二星躔度，南怀仁所言属实，而吴明烜所造《康熙八年七政时宪书》所言逐款皆错。于是，守旧派气焰一落千丈。康熙九年（1670），南怀仁被授钦天监监副（四年后擢升监正）；废除《大统历》，重行《时宪历》；杨光先、吴明烜被革职查办；汤若望昭雪平反。

2.《历象考成后编》与《坤舆全图》

《时宪历》是由《崇祯历书》改订而成，但《崇祯历书》的内容却未能反映世界最新天文学研究成果。它采用丹麦天文学家第谷的宇宙体系，该体系是一个折中体系，介于古希腊天文学家托勒玫的地心体系和波兰天文学家哥白尼日心体系之间，认为地球为宇宙中心，月亮、太阳和恒星均绕地球运转，五大行星则绕太阳运行。之所以出现此种情况，乃在于当时欧洲教会反对哥白尼日心体系说，传教士自然也就不会在书中采用这个理论体系。当然，书中也介绍了包括哥白尼、伽利略、开普勒等著名天文学家的一些研究成果，哥白尼《天体运行论》中的许多材料也被引用。

康熙五十三年（1714），清政府重新修订新法历书，编成《历象考成》，虽对原历书中隐晦难解之处予以条理、系统化，但理论体系仍是过时而落后的。

这种情况在乾隆七年（1742）部分地得到了改变。德国传教士戴进贤（1680—1746）应康熙之召，于康熙五十五年（1716）来到中国，雍正年间任钦天监监正。鉴于雍正年间以第谷理论推算日食有失于精确，乃主持纂修《历象考成后编》，书成于乾隆七年（1742），计10卷。书中介绍了开普勒发现的行星运转轨道为椭圆的论点，传入了牛顿计算地球和太阳、月亮距离的方法。但该书内容仍未提及日心说，仍以地球为中心，太阳绕地球运转。

乾隆二十五年（1760），日心说才传入中国。乾隆十年（1745），法国传教士蒋友仁（P. Michael Benoist，1715—1774）奉乾隆之召进入北京。他以设计精美的圆明园水法工程而得乾隆宠眷。为解答乾隆关于地理方面的询问，他于乾隆二十五年进献了《坤舆全图》（世界地图）。图高、长分别为 1.84 米和 3.66 米，图的四周有许多文字和插图。文字多涉天文，插图均为天文图。文字与插图说明哥白尼日心说是唯一正确的学说，还介绍了开普勒行星运动三定律，并指出地球不是正圆球体。此外，有关太阳黑子、太阳自转、月面结构、金星位相、木星四颗卫星及土星的五颗卫星的绕行周期、土星环、太阳系天体自转及数据、恒星发光、彗星绕日运转等内容，也作了介绍。乾隆虽也不失为一代英主，吟诗作赋或算内行，于科技的兴趣却远逊乃祖康熙。他本人是否认真研读该图不得而知，但该图几十年秘不示人却确定无疑，因为它被当成奇珍异宝锁入深宫密室。

三四十年后，该图经翻译和润色以《地球图说》之名出版。但影响仍很小，未得到传播。究其原因，一则当时历法计算中并未用其法，权威性不足；二则阮元为该书所作序言斥日心说为离经叛道，"不可为训"；三则正值乾嘉考据复古之风强劲不衰之时，许多人但知故纸堆，无暇顾之。

3. 先进天文仪器的引进与介绍

汤若望主持钦天监工作后，重新制造已损坏的天文仪器，如浑天星球仪、地平日晷仪、望远镜等。

南怀仁在钦天监工作期间，为了便于观测天象，又对天文仪器进行了改造。康熙十二年（1673），建成了黄道经纬仪、赤道经纬仪、地平经仪、地平纬仪、经限仪和天体仪。他还编成《灵台仪象志》16卷，附图说明这些仪器的制做原理和安装使用方法，书中还附有使用这些仪器测得的许多记录。

戴进贤于乾隆九年（1744）奏请修订《灵台仪象志》，在此基础上主持编成《仪象考成》，根据观测结果和中西星图，纠正了原来星图中的许多错误。玑衡抚辰仪也是在戴进贤指导下制作完成的。此仪器分三重，最外是古时六合仪而不用地平圈，其内是古时三辰仪而不用黄道圈，再内是为四游仪。《仪象考成》卷首即附有介绍此仪的绘图和文字。

此外，康熙五十四年（1715）时，钦天监还增加一件具有法国路易十四时代风格的地平经纬仪。上述仪器的制造和书籍的编写，无疑把我国天文观测水平提到新的高度。

地平经纬仪
地平经纬仪主要由地平圈、象限环、立柱、窥镜四部分构成，用于测量天体的地平坐标。

（二）国人对中西天文学的研究

1. 薛凤祚的贡献

薛凤祚（1600—1680），字仪甫，山东益都金岭镇（淄博）人。父为明万历年间进士，故有家学传统。曾授官中书舍人，愤魏忠贤弄权误国，乃辞归乡里，专事学术研究。薛凤祚少时读王阳明书，后从魏文魁习传统天文历法，继又在清顺治年间随波兰传教士穆尼阁在南京学西方天文历法，并协助穆尼阁翻译过西方天文、数学书籍。薛凤祚堪称清初少有的兼通中西天文学的学者。康熙三年（1664），刊行了他所著《历学会通》。书计 60 卷，其中天文历法占有相当大的比重。

《历学会通》收有五种历法，其中旧中法即为元代《授时历》和明代《大统历》；新中法是学自魏文魁的东局历法；今西法选要选自《崇祯历书》；新西法选要系学自穆尼阁的《天步真原》。

薛凤祚以其掌握的中西天文学知识所做的历法，在《历学会通》中占有重要地位。主要内容包括：太阳经纬法原、五星经纬法原、交食法原（以上内容是关于日、月、五星及日食和月食的计算方法）；太阳、太阴并四条、五星立成、交食表（以上内容为计算用表格和数据）；经星经纬性情（此部分标出用十二次划分的较亮恒星的黄、赤道坐标和星）；中历及辨日食诸法异同。

薛凤祚所作历法基本上以《天步真原》为理论基础。在他的历法所述新西法选要中，较《崇祯历书》先进一些，突出表现在对五星部分所用宇宙模式，有别于《崇祯历书》所介绍之托勒玫本轮、均轮地心体系，以及第谷行星绕日、日绕地球的宇宙图形。计算行星经度所用日地圆，是独立于行星运动轨道的，从而体现了哥白尼日心体系特征。当然，书中仍然做出地球为中心，太阳绕地球转动的说明。这样一来，书之精华部分难于理解，故未能引起很大反响。

2. 王锡阐的建树

王锡阐（1628—1682），字寅旭、昭冥（肇敏），号晓庵、余不，江苏吴江人。家境贫寒。过继给无子嗣的叔父。王一生无子女，生活清贫。自学天文学和数学。他有很强的华夏正统观念，清高正直。清朝入主中原，他以死报亡明未遂，乃布衣终生，不图功名。明末清初欧洲天文历法等西学传入，甚至朝廷以西法正历，他从感情上也难于接受。他要通过对中西天文历法的比较研究，来明了中西天文历法孰优孰劣。他在深入细致研究基础上，写就重要的天文学著作《晓庵新法》。全书计6卷，成于康熙二年（1663）。越10年，他又完成另一部重要天文学著作《五星行度解》。此外，王锡阐其他天文学著作尚有：《历说》五篇（约顺治十六年，1659年）、《历策》（康熙七年，1668年）、《日月左右旋问答》（康熙十二年，1673年）、《推步交朔序》（康熙二十年，1681年）、《测日小记序》（康熙二十年，1681年）及《大统历法启蒙》和《历表》三册。他佚失的天文学著作有：《西历启蒙》（属西方天文学提纲挈领之作）、《历稿》（以传统历法推算的年历）、《三辰晷志》（介绍自己设计制造的一架天文观测仪器）。

《晓庵新法》第一卷介绍天文学计算所涉三角学知识。第二卷是天文数据。第三卷用中西二法推求朔望、节气的时刻和日、月、五大行星位置。第四卷探讨昼夜长短、晨昏蒙影、月亮、内行星的位相和日、月、五大行星的视直径。在第五卷中，王锡阐创造了"月体光魄定向"法，用此法确定日心和月心连接。第六卷研究交食，以"月体光魄定向"法计算初亏复圆方位角；书中对金星凌日和月掩恒星、月掩行星、行星掩恒星、行星互掩等"凌犯"的计算，他为第一次，开历代天文历法著作之先河。

在《五星行度解》中，他意在改进与完善西法行星运动理论，故采用西方小轮几何体系。他在书中建立了略有别于《崇祯历书》中的第谷模型的自己的宇宙模型。他受到开普勒的启发，以磁引力来解释行星环绕太阳的运动。在谈到"水内行星"时，他认为内行星凌日与太阳黑子有必然联系。这种见解，与同期伽利略在《关于两大世界体系的对话》中所提，属不谋而合。《晓庵新法》表现了王锡阐坚实的中国传统天文学功底。写作动机也很明确，就是应用西方天文学的某些技术，来构建更加完善的传统天文学的框架。但内中也有一些不尽人意之处。他在第二卷所给数据中的大部分为导出数据，却无导出过程，且又径用导出数据继续推演。再者，第二至第六卷新用数据及中间值多达 590 个，所给名称多有重复。他刻意追求传统，详法而略理，全书无图。这些都降低了该书价值，并因其难懂而使传播受到影响。《五星行度解》表明王锡阐对西法造诣很深。这本书实际上是他在所能接触到的西方天文学知识的基础上，试图对西学进一步研究和发展的结果。书中也有一些不正确的地方，如他所建自己的宇宙模型，谈到五星中之"土、木、火皆左旋"，就属一例。

由于历史条件所限，王锡阐当时还不可能全面、系统地接触到包括天文学在内的近代西方科学技术，《崇祯历书》多有过时、不妥之处，因此他提出了西法也不完善，中法未必不善的见解。前半部分观点是正确的，后半部分观点则带有感情用事的成分，如他不同意西法对中法的批评，坚持认为传统方法把周天划分为 $365\frac{1}{4}$ 度比西法度更好，便属这种情况。这种感情用事，就不是科学家应有的态度了。及至他认为西法源于中法，就更缺乏实事求是精神了。对传统文化执着的热爱和追求，严格的夷夏之防，使他自觉不自觉地把中西天文学上某些似是而非的联系，当成本质上的源流关系。

王锡阐注重天文的观测实践，且非常勤勉。"每遇天色晴霁，辄登屋卧鸱吻间仰察星象，竟夕不寐"。他终生贫穷，无资购置制造大型和精密观测仪器，所谓观测，更多的还是以目视观测为主。但他在观测理论上仍有较高水平的总结。在《测日小记序》中，他对于仪器的误差和观测者的人差，均有较为正确的概念。他认为，要取得理想观测效果，仪器须精密，观测人须熟练且善用仪器；同一仪器以两人观测，所见必然有所不同，因为"心目不能一"（人差），反过来若同一人用两个仪器观测，所见也会有差别，因为"工巧不能齐"（仪器系统误差）。应该承认，王锡阐受观测条件所限，观测精度并不很高，但他勤奋的精神和较高的理论水平，确是非常可取的。

王锡阐在清代天文学史上有着重要地位，时有"南王（锡阐）北薛（凤祚）"之说。康熙御定《历象考成》中就采用了王锡阐的"月体光魄定向"法。《四库全书》收录《晓庵新法》。联系到王锡阐一介布衣，刚正不阿，终未仕清，享此殊荣更属难得。他改进第谷宇宙模型和行星运动理论，是推动天文学研究的大胆尝试，启迪和带动了之后梅文鼎、杨文言、江永等人的相关研究。他在清代天文学界的名气似没有梅文鼎显赫，但梅文鼎却非常推崇王锡阐，认为王锡阐水平超过薛凤祚，并为自己无缘早识王锡阐而抱憾。梅文鼎名声远播，除成就大以外，还与受到康熙的礼遇厚待有关。

3. 梅文鼎的成就

梅文鼎（1633—1721），字定九，号勿庵，安徽宣城人。生于当地望族之家，远祖、曾祖及祖父均任明代地方官。其父梅士昌明亡后隐居，以耕读相伴。梅文鼎少时从父亲和塾师处学到一些天文知识。康熙元年（1662），梅文鼎从师学习大统历法，并撰成首部天文学著作《历学骈枝》。他几次专往金陵访会师友。康熙十四年（1675）是他较多接触西学历法的一年，他购得《崇祯历书》一部分，并抄得穆尼阁《天步真原》和薛凤祚《天学会通》。从此开始系统钻研西方天文、数学知识。康熙二十八年（1689），梅文鼎到北京，以期与传教士南怀仁晤谈学术。虽因南怀仁先逝，他却得缘与当时为康熙讲授西方科学的传教士安多切磋历算。次年，写成《历学疑问》。康熙四十四年（1705），

梅文鼎

梅文鼎被称为清代"历算第一名家"和"开山之祖",推动了清朝数学的发展。

康熙南巡,因之前读过《历学疑问》,特于御舟召见梅文鼎,磋谈历算之学,对梅文鼎褒彰有加。梅文鼎著述甚丰。他逝世两年之后,他的天文、数学著作出版,书名《梅勿庵先生历算全书》。后其孙梅毂成重新整理排列,以《梅氏丛书辑要》之名刊行。

梅文鼎对中国传统历法进行了较深入的研究。他曾自撰《古今历法通考》58卷(未出版),专门探讨古历源流得失,而其重点则放在《授时历》和《大统历》上,有关著作有《历学骈枝》《堑堵测量》《平立定三差详说》等。在《历学骈枝》中,他分析对比《授时历》与

《大统历》的异同。他认为，两者相同之处在于法原、立成及推步等方面。他还认为《大统历》弃置《授时历》所用前代岁实消长法乃是一种退步。对二历在月行迟疾、日食开方等有关数据的不同及其原因，他也进行了研究。他对日、月不等速运动对合朔时刻的作用，对《大统历》在交食方面的数据错误，都予以分析和纠正。他用几何法阐释《授时历》日、月食食限辰刻的计算原理。在《堑堵测量》和《平立定三差详说》二书中，分别详释了《授时历》中的黄赤坐标换算法和招差法这两项数学成就。他对古历尤其是《授时历》《大统历》的研究，为后人的研究奠定了重要基础，一条以《大统历》解读《授时历》的途径展现在学者的面前。

他对西方天文历法也进行了研究，并有所贡献。在《历学疑问》中，他介绍了古典天文学的小轮学说和偏心圆理论，但怀疑其可用来说明行星运动规律。他在《崇祯历书》基础上，对原有推算日、月食法和推算日、月、五星位置法，加以系统化和详解，分别在《交食》和《七欧》中予以介绍。在《五星管见》中，他提出"围日圆象"说，调和托勒玫和第谷体系，实现行星运动理论模型和谐自洽。在《恒星纪要》中，他系统地整理了散见于诸书之中的西方星表，如《崇祯历书》《灵台仪象志》及托勒玫《天文学大成》等书，均是重要的资料引用来源。他本人还根据诸表按岁差原理推得"康熙戊辰各宿距星所入各宫度分"。

梅文鼎还自制了多种天文仪器，主要有璇玑尺、揆日器、测望仪、仰观仪、月道仪、浑天新仪等。

由于梅文鼎在天文历法和数学领域取得了非凡成就，他被时人誉为"历算第一名家"。但梅文鼎这样严谨、杰出的科学家，也持有"西学中源"观点。这对他本人及后世学人主动吸收外来先进成果，自然会产生消极影响。

4. 阮元、李锐等人的研究

阮元（1764—1849），字伯元，号云台，江苏仪征人。科举一帆风顺，乾隆四十九年（1784）至乾隆五十四年（1789）间，先后中秀才、举人和进士。所任学职有：山东、浙江学政，经筵讲官兼管国子监算学，翰林院侍讲兼国史馆总辑，会试副总裁、总裁。也曾任封疆大吏：浙江、河南、江西巡抚，湖广、漕运、两广、云贵总督。晚年为体仁阁大学士、经筵讲官，后加太傅衔。阮元博览群书，尤长于考证，是乾嘉学派重要代表人物之一。

阮元

阮元是清朝中期官员、经学家、训诂学家、金石学家。他提倡朴学，曾罗致学者编书刊印，主编《经籍籑诂》，校刻《十三经注疏》，汇刻《皇清经解》等。

李锐（1769—1817），字尚之，号四香，江苏苏州人，世居河南。青年时受业钱大昕，习天文、数学。曾钻研《大统历》及蒋友仁的《地球图说》。多次参加科举，榜上无名，一生主要为人充当幕客。人天资聪颖，勤奋好学，广结学术师友，于天文、数学均有大量著述和创造，堪称乾嘉学派在天文、数学领域杰出代表人物之一。

阮元于天文学最大贡献在于主编了记录和评论历代天文学家和数学家生平事迹和科学成就的《畴人传》。书在李锐、周治平参与协助下完成。全书 46 卷，269 篇，时间跨度上起三皇五帝，下迄嘉庆初年，所涉人物有中国科学家 275 人，西洋天文学家、数学家及传教士 41人。传记除介绍传主的简况如姓名、籍贯、科举出身及主要官职外，基本篇幅记叙在天文学、数学领域的观点、见解和活动。有著作者，无论著作是否存世，概列名目，录序言、凡例，并介绍概要。阮元为多篇传记写论，评说传主思想、活动，分析学术源流演变。《畴人传》从另一途径开展了中国古文献整理，在发掘古文化遗产及为天文学史研究提供资料汇编方面，贡献非常突出。

阮元本人开创性地主编中国第一部科学史著作，工作本身功德千秋。在多篇列传后论中，他表现出博采中西学长处的胸怀，主张既继承前代成果，又不断创新，还要"择取西说之长"，故对徐光启赞颂，对杨光先抨击。他主编《畴人传》原则之一，就是摒弃迷信的星占学及术数，表明他具有严肃的科学态度。阮元的局限一面，则表现在他宣扬"西学中源"，并对哥白尼学说持贬低态度。

李锐被阮元称为江南第一深于天文算术之人。他受阮元之邀，参与《畴人传》编写，是《畴人传》设计者和主要执笔人，做了大量的实际工作。书中多人之传完全成于李锐之手。李锐对天文历法的贡献远非这些。他的著作以《李氏算学遗书》之名刊于嘉庆时，其中如《日法朔余强弱考》《三统术注》《四分术注》《召诰日名考》《乾象术注》《奉元术注》《占天术注》等，在训诂、考据经史典籍中的天文学资料方面，多有建树。他研究了《三统历》《四分历》《乾象历》等，并复原了已散佚的宋代《奉元历》和《占天历》。

此外，乾嘉学派中的汪曰桢所撰《历代长术辑要》，列出西周至清代共 2500 多年朔闰时刻，成为历史年代学的重要参考资料。

需要提到的清代前、中期的天文学家还有梅瑴成（1681—1763）、明安图（？—1764）、戴震（1724—1777）等人。梅瑴成是梅文鼎的孙子，精通数学和天文学，参与主持《历象考成后编》编纂工作。著有天文学研究短文集《操缦卮言》，提出许多精辟见解。建议《明史》

之"天文志"与"历志"分开；认为"天文志"中所载月犯恒星乃"天行之常"，而所谓五星犯月入月乃"必无之事"，应行删去；强调在"历志"中图示立法之原，并被采纳。明安图是蒙古族天文学家和数学家，长期在钦天监工作，并担任过监正。他在康熙发起编撰百卷《律历渊源》书中，负责其中《历象考成》的考测，实际考察和检验计算书中的理论和数据。乾隆年间编写《历象考成后编》和《仪象考成》，他均担任主要工作。在前书中，他任副总裁和汇编，后书中担任推算工作。戴震通晓西方天文历法，而对于传统天文历法尤堪称精博。他撰《观象授时》14卷，十三经并各家注疏及子部诸书中有关天文历法部分，史书中的天文志、律历志，《西洋新法算书》《大清会典》及李光地、梅文鼎等人著述，均在征引范围，堪称古今天文历法分类集成之作。尚有以六经释天文的《释天》《迎日推策记》《九道八行说》《续天文略》等。

总体看来，国人在清代前期和中期对天文学的研究，的确成就不小。但是，于西学研究来说，仍未进入学术尖端领域，受哥白尼学说影响甚微；"西学中源"限制了人们开拓、学习的精神；整理国故使许多人越发自我陶醉于祖先的成就，不思进取，并使一大批有才华的科学家耗光阴于旧纸堆之中。

（三）晚清天文学的发展

1. 近代天文学在中国的传播

鸦片战争惊醒了许多中国人傲视天下的美梦。他们急于知道外界，迫切想了解宋明理学与考据之学而外的其他知识。魏源（1794—1857）的《海国图志》（道光二十二年即1842年首次出版，后有增补本），堪称战后最早把西方政情、地理、历史、天文等知识传送给国人的巨著。哥白尼学说也在书中有所介绍。在《海国图志》中，译载了几篇关于哥白尼学说的文章，并附录了地球沿椭圆轨道绕太阳运行的绘图。《海国图志》战后在中国知识分子中产生长期、广泛、巨大的影响。哥白尼学说再也不是传教士规避不谈之学，再也不是锁匿深宫之论，再也不是视而不见、"离经叛道"之说，它已伴随着魏源"师夷长技以制夷"的主张，在渴望了解世界的中国人中传播开来。但《海国图志》并非天文学专著，故影响有限。

魏源

魏源是清代启蒙思想家、政治家、文学家，也是近代中国"睁眼看世界"的首批知识分子的代表。他倡导学习西方先进科学技术。

英国传教士医生合信（1816—1873）曾在来华后着手编译《博物新编》，全书共三集。其中第二集《天文略论》刊行于道光二十九年（1849），对哥白尼、牛顿学说进行了介绍，并提到道光二十六年发现的海王星。

近代天文学在中国广泛传播，当始自上海墨海书馆咸丰九年（1859）出版汉译《谈天》。

《谈天》即《天文学纲要》，原著者英国著名天文学家赫歇尔（Herschel），咸丰元年（1851）初版。该书汉译工作由中国人李善兰和英国传教士伟烈亚力（Alexander Wylie，1815—1887）完成。同治十三年（1874），徐建寅又把到同治十年为止的最新天文成果补充进去，出版了增补版《谈天》。《谈天》是一部全面介绍欧洲先进天文学知识的书籍，包括日心地动学说、万有引力定律、光行差、太阳黑子理论、行星摄动理论、彗星轨道理论、恒星、变星、双星、星团、星云及银河系等内容。《谈天》汉译本有序言，李善兰歌颂了哥白尼、开普勒及牛顿等人勇于探索的可贵精神，他说，"哥白尼求其故，则知地球五星也绕日"，开普勒"求其故，则知五星与月之道皆为椭圆"，牛顿"求其故，则以为皆重学之理也"。序言还批判了阮元对哥白尼学说的诋毁和钱大昕对开普勒定律的实用主义态度："未尝精心考察，而拘牵经义，妄生议论，甚无谓也。"序言使沉闷的中国天文学界振聋发聩，全新的天文学知识更使其耳目一新。

晚清发展近代教育，也推动了近代天文学在中国的传播。洋务运动中北京及上海、广州建起了教外语的同文馆，很快洋务派官僚就认识到应增加包括天文在内的自然科学课程，并增设天文算学馆。到了19世纪80年代，这个设想已经实现。在京师同文馆中，五年制学生在第四、第五年始开"天文测算"课程；八年制学生在第七年开设此课。英国人方根拔等四人即在同文馆担任天文课教师。天文算学馆也开办起来，光绪十一年（1885）就录取了两名专学天文学生。京师同文馆还建立一座供学生实习之用的天文台，时称观星台。观星台上有各种仪器，台顶可以四面转动，高约5丈，"凡有关天象者，教习即率馆生登之，以器窥测"。天津北洋水师学堂也有观星台一座。

洋务派兴办教育过程中，各地同文馆及江南制造局所设翻译馆也翻译出了一批天文历法书籍。京师同文馆译出的有：《星学发轫》《戊寅中西合历》《己卯、庚辰中西合历》等五部；上海方言馆和江南制造局翻译馆也译出天文学著作二部22卷。

清末新政中，留日学生翻译的大批日文书中也有天文学方面的，如光绪二十九年（1903）范迪吉等人译的百册《普通百科全书》中，就有日人所著《星学》。

晚清教会学校众多，一般都开设天文课程，而其中上海圣约翰书院和济南齐鲁大学还专置天文科或天算系。

上述天文学教育和译书活动，都直接有力地推动了晚清近代天文学的传播。

2. 天文事业

清政府在鸦片战争后堪称内外交困。外国资本主义列强几乎是不间断地发动侵华战争，而清政府每战必败，败必乞降、让权和赔款；农民起义也是风起云涌，清政府穷于镇压；资产阶级的维新与革命，尤令封建统治者坐卧不宁。民穷财尽，使清政府根本无力顾及发展近代天文事业。及至八国联军侵入北京，劫走钦天监全部仪器，属于中国自己的天文机构已是荡然无存。

与此形成对照，殖民地性质的天文事业却有了发展。光绪三年

（1877），法国天主教会在上海徐家汇建立天文台，收集中国沿海气象情报，为法国舰船航行提供授时服务。中法战争中，法国侵华舰队就得利于这座天文台。光绪二十六年（1900），法天主教会又在松江县（今上海松江区）建起佘山天文台，进行天文、地磁、地震观测。日本自明治维新后即把中国作为侵略目标，对台湾更是急不可待地欲行吞并。光绪二十年（1894），日本就在台北建立了进行气象资料收集活动的测候所。甲午战争中，清政府海陆战场连战皆北，终以割让台湾、澎湖列岛及赔偿巨款而结束战争。日本占有台湾后，又在测候所增加天文观测内容。甲午战争后，帝国主义掀起瓜分中国的狂潮，而德国在光绪二十三年（1897）

佘山天文台

佘山天文台位于上海市松江区。2013 年，佘山天文台被列入第七批全国重点文物保护单位。2016 年 9 月，入选首批"中国 20 世纪建筑遗产"名录。

强占胶州湾（次年迫使清廷同意租借 99 年）为始作俑者。德国经营青岛，建立起包括气象、天文、地震、地磁等观测及测时、授时工作的青岛观象台。中国领土上的这些外国人经办的天文机构，尽管客观上有传播科技文明的一面，但本质上是为帝国主义经济、政治及军事侵华服务的。

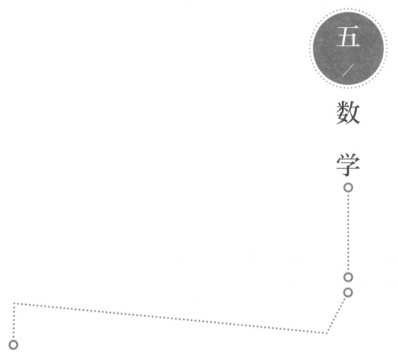

（一）西方数学的传入与国人的研究

1. 对数方法的介绍

明代严禁民间研习历法，竟使基本上是为历法计算服务的传统高深数学几成绝学。只有明末欧洲传教士东来，才把世界上较先进的数学知识传入中国，改变了原来数学领域可悲的状态。欧几里得的几何学、算术笔算法及三角学，基本都是在明末传入的。

对数的传入是在清初，由波兰传教士穆尼阁和中国学者薛凤祚共同完成的。英国数学家纳白尔（J. Napier, 1550—1617）于明万历四十二年（1614）发明了对数。10 年后，英国的巴里知（H. Briggs, 1556—1630）又研究了常用对数。穆尼阁是于清顺治三年（1646）来到中国的。其后五六年，薛凤祚专至南京，从师穆尼阁，学习西方新法。并协同穆尼阁翻译西方天文历算著作。他所著并刊行于康熙三年（1664）的《历学会通》，除了天文历法以外，还包括数学等多学科的知识。

数学部分包括传自穆尼阁的《比例对数表》《比例四线新表》《三角算法》和《正弦》。《比例对数表》和《比例四线新表》两书，分别是1~20000的常用对数表和三角函数对数表，这是对数方法在中国第一次以书籍的形式出现，因而具有重要意义。穆尼阁的传授及薛凤祚的著书介绍，使对数传入我国。

此外，尽管《崇祯历书》对三角学作过介绍，但有些地方不够完整。《历学会通》所载《三角算法》介绍的平面三角和球面三角法在完整性方面超过《崇祯历书》。平面三角采用配合对数计算，而球面三角除了《崇祯历书》介绍的正弦、余弦定理外，还有半角公式、半弧公式及德氏比例式等内容。

2. 梅文鼎的功绩

梅文鼎的学术成就除天文学外，还包括数学。其一生有关数学著述甚多，在《梅氏丛书辑要》中，数学著作包括：《笔算》5卷（附《方田通法》《古算器考》）、《筹算》2卷、《度算释例》2卷、《少广拾遗》1卷、《方程论》6卷、《勾股举隅》1卷、《几何通解》1卷、《平三角举要》5卷、《方圆幂积》1卷、《几何补编》4卷、《弧三角举要》5卷、《环中黍尺》5卷等等。

算术方面。在《笔算》中，梅氏为迁就中国人行文习惯，把西方笔算的横写、横式概改为竖写、竖式。在《筹算》中，梅氏把纳白尔筹由直筹横读改为横筹直读，以适国人读写。在《度算》中，他介绍伽利略的比例规，以算例阐释《崇祯历书》所载《比例规解》，并对其错讹地方予以订正。

几何方面。明末传入《几何原本》仅有前 6 卷，这是由于前 6 卷属较完整的平面几何，当时欧洲也盛行前 6 卷本。梅氏受《崇祯历书》中所载《测量全义》《大测》启发，又对《几何原本》前 6 卷以外内容进行探究，并取得成就。在《几何补编》中，他研究了开普勒宇宙图景基础的正多面体和球体的互容问题；他订正了《测量全义》正二十面体数据的错误；他受传统灯笼的启发，研究了阿基米德的两种半正多面体，并分别命名"方灯"和"圆灯"，成为历史上少数研究过此种球体的科学家之一；他不仅引进球体内容等径相切小球问题，还阐明解法和正、半区多面体构造的关系。在《方圆幂积》中，他探讨了球体与圆柱、球台、球扇形的关系，所用一命题已经比较接近旋转体古尔丁定理。

三角方面。属于梅氏创造性研究成果，体现在《堑堵测量》和《环中黍尺》两书中。梅氏在书中创造性地利用投影原理来论证球面三角公式，把球面三角的问题转化为平面三角、平面几何问题。梅氏还将传入的三角学系统化和准确化。在《崇祯历书》所载和穆尼阁授给薛凤祚的三角学，有过简、粗糙之不足，梅氏在《平三角举要》《弧三角举要》二书中，精益求精，循序渐进，讲定义，推定理，导公式，直到算式和举例，均有章可循，易于理解和掌握。

3. 编撰《数理精蕴》

清初西方数学知识继明末后又有所传入，康熙皇帝本人对数学也很感兴趣，并支持科学研究和普及工作。当时有学者陈厚耀（1648—1722）建议整理数学知识，康熙给予了支持。于是有《数理精蕴》一书的编写，此书由康熙五十二年（1713）开始编写，唐熙六十一年（1722）完成，雍正元年（1723）刊行。

这是一部全面介绍明末以来传入的西方数学知识的百科全书。全书分上编 5 卷、下编 40 卷、附表 8 卷，计 153 卷。上编内容包括《几何原本》（为法国当时通用之本，与徐光启译本有别）及《算法原本》（包括自然数性质、公约数、公倍数、比例、级数等内容）。下编内容有：实用算术、联立一次方程、开平方、开立方、三角形计算、各种长度计算、各种面积和体积计算、三角学及对数等。附表为四种：素因数表、素数表、对数表、三角函数表。

该书编成后数次印刷，流传较广，对清代数学的发展和应用产生了较大影响。它堪称当时通行的数学教科书。它的全称是《御制数理精蕴》，皇帝的权威和尊严也有助于它扩大影响。

该书所采西学，由法国传教士张诚（1654—1707）和张晋（1656—1730）等人译编，梅毂成等人加以汇编。

4. 梅毂成及其《赤水遗珍》

梅毂成是天文学家，也是数学家。他著有《赤水遗珍》（作为《梅氏丛书辑要》之附录），是为其数学研究成果。法国天主教传教士颜家乐（C. Maigot，1652—1730）于康熙二十年（1681）到中国之后，曾介绍过以恒星高度及时角定地理纬度的方法。梅氏《赤水遗珍》中之"测北极出地简法"篇，对这一方法做了记载，而清末数学家李善兰曾对此方法深入探讨和研究。另外，法国传教士杜德美（P. Jartoux，1688—1720）于康熙四十年来华后，曾介绍过三个无穷级数公式。梅氏在书中有"求周径密率捷法"和"求弦矢捷法"两文，对三个公式予以记载，称"西士杜德美法"。梅氏记载为清代数学家进行无穷级数研究奠定了基础。

5. 年希尧的建树

年希尧，字允恭，广宁（辽宁北镇）人。生于康熙初年，卒于乾隆三年（1738）。其父年遐龄，曾任湖广总督。其兄年羹尧，曾任川陕总督。年希尧曾任工部侍郎、江宁布政使和广东巡抚等职。雍正除异己，年希尧受株连失官。后复出，任过内务府总管、左都御史职。故去前三年，因受弹劾复丢官。

年氏兴趣广泛而又勤于笔耕，虽居高官而著述不辍。任江宁布政使时曾面晤梅文鼎，请教数学问题。在工部和内务府任职时，又因结识在清宫任画师的意大利人郎士宁（ J. Castigliomie，1688—1766 ），对西方画法和透视学原理产生浓厚兴趣。年氏在数学方面的著作主要有《测算刀圭》《面体比例便览》及《视学》。

《测算刀圭》3 卷，论述三角学和三角对数。《面体比例》1 卷，论述平面、立体图形的互容及计算。《视学》则为中国第一部透视学专著，也是世界同类书之较早者。

《视学》初版于雍正七年（1729）。年氏不甚满意，"苦思力索，补缀五十余图，并为图说以益之"。雍正十三年（1735）出版《视学》修订本。

《视学》图文并茂，阐述透视原理。介绍了透视学中的基本课题，包括技法方面的量点法和截距法；透视角度方面的平行透视和成角透视；视平线位置方面的仰望透视法，以及轴测图上中心光源阴影的处理等。在图例方面，年氏对一般立体图形均用二视图表示尺寸及形状，再做底面次透视图，决定各特征点之高，最后才把整体透视图画出来。书中所用术语，有的至今沿用不废，如"地平线"、"视平线"等。

虽然欧洲文艺复兴时期的画家们都已掌握透视原理，但在 18 世纪末叶之前，还未出现过系统的透视学专著。中国画师及工匠们也不过在使用着朴素的透视方面的经验，未予以研究和总结。嘉庆四年（1799），法国数学家蒙日（G. Monge，1746—1818 ）出版了《画法几何学》，被人称为画法几何的奠基人，其书也被认为是最早的画法几何专著。年氏之书在理论精深程度上自然逊于蒙日之作，但从图学范畴来说，蒙日都属后来者。

6. 明安图的成果

明安图在数学领域有很深造诣，于三角函数和反三角函数的幂级数展开式问题进行过卓有成效的研究。著有专著《割圆密率捷法》。

杜德美参加康熙年间大地测量时，曾向中国学者介绍了一个圆周率解析表达式和两个三角幂级数展开式。但他只介绍算式而于理不详。时人称为杜氏三术，亦即周经密率捷法。明安图在钦天监工作之余，从事三个幂级数证法的研究，历时 30 年终成初稿。病危之际，嘱其子明新和学生陈际新一定要完成未竟事业："此割圆密率捷法也。内圆径求周，弧背求弦，求矢三法，本泰西杜德美氏所著，实古今所未有也，亟欲公诸同志，惜仅有其法而未详其义，恐人而有金针不度之疑。予积解有年，未能卒业。汝与同学者务续成之，则予志也。"陈际新、张肱及明新不负遗愿，于乾隆三十九年（1774）整理成书。可惜书稿迟未刊行，有人看过原稿抄本，不明真相，竟以"杜氏九术"名之。直至道光十九年（1839）明安图之书才刊行于世，人们才知道明安图的杰出贡献。

明安图在《割圆密率捷法》中，除证明了杜氏三术，还发现了六个幂级数展开式，这六个公式即为"弧背求通弦""弧背求矢""通弦求弧背""正弦求弧背""正矢求弧背"及"矢求弧背"。

清代无穷数极研究领域之所以不断涌现人才，不断有成果问世，无疑得益于明安图开拓性研究。

7. 董祐诚、项名达及戴煦的贡献

继明安图在幂级数方面取得研究成果后，清代学者在此领域中又有进展，其代表人物有董祐诚、项名达和戴煦等人。

董祐诚（1791—1823），字方立，江苏常州人。少时家道中衰，生

活困窘。嘉庆二十二年（1817）随兄客居北京前，曾广游天下，兴趣及至经史、地理学及数学等方面。居北京后，专攻数学，且著作不少，有《割圆连比例图解》3卷、《椭圆求周术》1卷、《斜弧三边求角补术》1卷、《堆垛求积术》1卷。去世后，其兄董基诚汇其遗稿，以《董方立遗书》之名刊刻出版。

董祐诚少年时于梅瑴成《赤水遗珍》书中读到杜氏三术，但惜其语焉不详。后由友人处抄得载有杜氏三术和明安图六术的所谓"杜氏九术全本"，乃深入探究，务求"立法之原"，乃成《割圆连比例图解》3卷这一董氏之代表作。他从成连比例的几何线段入手，研究全弧通弦和分弧通弦两者的关系，结果也发现全弧正矢和分弧正矢之间关系，并明确给出四个幂级数展开式，即所谓"立法之原"四术，可推出所谓"杜氏九术"。

董祐诚《割圆连比例图解》著成后，方得见明安图遗书抄本，由是始知两人方法相同而具体步骤有异。董氏还在研究中发现，分割次数无限增多，则弧与弧可相互转化。他把这种现象称为"方圆互通"。他的见解相当于微积分。

项名达（1789—1850），原名万准，字步莱，号梅侣，浙江钱塘（今杭州）人。自幼喜读书，尤好历算之学。道光进士，唯未就知县之职，曾在杭州紫阳书院执教，主要数学著作有《象数一原》6卷、《勾股六术》1卷、《三角和较术》1卷、《开诸乘方捷术》1卷。其中《象数一原》为其代表作。

项氏对"方圆互通"兴趣甚浓，乃在前人基础上深入研究，创"零整分递加"法。此法即把全弧不拘分为奇数等份或偶数等份，通弦或正矢均可以示为分弧的通弦或正矢的幂级数。于此，董祐诚的四术概括为二术，得出计算正弦值和正矢值的两个公式。由此"二术"，可推出"四术"，亦可推衍出所谓"杜氏九术"。

项氏在董祐诚对椭圆周长的研究基础上做出了可喜的成就。董氏以初等数学方法进行推导，但结果错误。项氏写有《椭圆求周术》一书，具体阐释求周长之法：将椭圆周分成若干等份，通过分点向长、短轴作垂线，连接两分点以之为椭圆分弧弦。以勾股定理和椭圆性质求分弧之弦长。分点无限增多之时，椭圆周长即等于分弧之弦的总和。项氏之法类似积分之法。

戴煦（1805—1860），字鄂士，号鹤墅，又号仲乙，浙江钱塘（今杭州）人。著有《重差图说》《勾股和较集成》《四元玉鉴细草》，惜未刊行；刊印之书为《求表捷法》，内收《对数简法》2卷、《续对数简法》1卷、《外切密率》4卷、《假数测圆》2卷等书。戴氏还曾在好友项名达去世后续成其《象数一原》。

戴氏之前研究幂级数，在通弦、正矢与弧间展开式研究较多。戴氏曾与项明达共同切磋正切、余切、正割、余割表示弧幂级数展开式，也研究以弧表示正切、余切、正割、余割幂级数展开式。项氏去世后，戴氏仍继续研究，终成《外切密率》一书。书中戴氏所创上述关系式，系用几何方法推导出来的，但准确无误，与今天推导结果不谋而合。以戴氏研究成果为标志，"方圆互通"的研究打上了阶段性的休止符。

戴氏在数研究上也有成就。在他的《对数简法》《续对数简法》二部著作中，首创指数为任意有理数的二项式展开式，探索出编造对数表的简易方法。

8. 数学仪器的引进与改进

康熙皇帝在位期间，还很重视引进外国先进的数学仪器。这些仪器进入中国后，一般在功能上得到了进一步改进。

康熙曾命令引进帕斯卡计算器和纳皮尔的算筹，并令人加以仿制。故宫中珍藏有10台计算器，据考证当为康熙晚年间制造，是为仿造并加以改进。考史，17世纪40年代和70年代，法国数学家帕斯卡

（B. Pascal，1623—1662）和德国数学家莱布尼茨分别发明了计算器。但前一种计算器仅可作加减法运算，且只能计算 6 位数；后一种计算器仅可用作加、乘法运算。故宫所藏计算器，可进行多达 12 位数的计算；有的适用加减乘除四则运算，有的还可进行平方、开方运算。显然，故宫计算器当为引进计算器的改进型。《数理精蕴》中记载了我国使用对数计算尺。该书载有 4 种尺度：假数尺（对数尺）、正弦假数尺、切线假数尺、割线假数尺，也介绍了尺度的画法与用法。对数计算尺为英人甘特（E. Gunter，1581—1626）发明于 17 世纪 20 年代。故宫珍藏有铜制、象牙制许多计算尺，有的还标有"康熙御制"字样。显然系当年仿甘特计算尺制造而成。

伽利略比例规传入中国后，在康熙年间也有发展。故宫珍藏许多铜、银及象牙制比例规，比例线条或三五种，或十余种。故宫中还有铜、银制量角器。有些比例规和量角器刻有"康熙御制"。

（二）传统数学的挖掘与研究

1. 古算书的收集

清政府组织人马编写大型丛书《古今图书集成》和《四库全书》的过程，是引人入故纸堆的过程，是销毁不利于清政府统治书籍的过程，同时也为收集有价值的数学典籍创造了条件，并为传统数学乃至西方数学的研究奠定了一定基础。

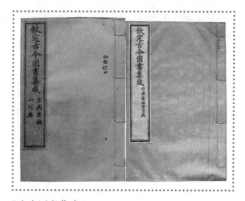

《古今图书集成》
《古今图书集成》内容非常丰富，包罗万象。它集清朝以前图书之大成，是现存规模最大、资料最丰富的类书。

《古今图书集成》中所收古算书无多。与此形成鲜明对照，《四库全书》在收集几近失传的古算书方面成绩斐然。

从《永乐大典》中辑录出来的古算书计有：《周髀算经》2卷、《九章算术》9卷、《孙子算经》3卷、《海岛算经》1卷、《五曹算经》5卷、《夏侯阳算经》3卷、《五经算术》2卷、《数学九章》9卷、《益古演段》3卷、《数术记遗》1卷、《张邱建算经》3卷、《缉古算经》1卷、《测圆海镜》12卷，总计为13部。此外，《四库全书》还辑录了《表图说》1卷、《圆容较义》1卷、《几何原本》6卷及《同文算指》前编2卷和通编8卷等四部明代算书。

《四库全书》的收集也有遗漏，故后人对古算书的挖掘并未间断。阮元买到元代朱世杰《四元玉鉴》，乃以亲手所抄本交付刊印，使《四元玉鉴》又有流传。罗士琳（1774—1853）在朱世杰《算学启蒙》已失传于国内情况下，竟得到朝鲜重刊本，才使此书在国内复有流传。鲍廷博（1728—1814）在嘉庆十九年（1814）刊印出版《知不足斋丛书》第27集时，把三部宋元数学残本《续古摘奇算法》《透廉细草》《丁巨细草》辑入。道光二十年（1840）郁松年刊印《宜稼堂丛书》，内收《数学九章》18卷、《详解九章算法附纂类》12卷、《杨辉算法》7卷。

2. 古算的整理与研究

戴震、李潢（？—1811）等人在编撰《四库全书》过程中，具体负责其中天文算法的校勘工作。他们为此做出了一定的贡献。

戴震校勘了《周髀算经》《九章算术》《孙子算经》《海岛算经》《五曹算经》《张邱建算经》《夏侯阳算经》及《缉古算经》等古算书，改正了许多误文、奇字及传讹。这方面他的功绩是不小的。如他考证出《周髀算经》中部分内容并非周六艺之遗文；考证出《孙子算经》非孙武子之作；等等。尤其《永乐大典》中的《九章算术》舛误很多，附图也失，而正是戴震以其深厚的古算功力，予以校勘、注释和补图，才使中国古代最重要的数学名著得以恢复原貌，再现光彩。当然，戴震也难免有误校之处，把不错之字改掉，造成后世一些读者的误会。

李潢，字云门，湖北钟祥人。他负责在戴震校过的基础上，校勘《九章算术》《海岛算经》《缉古算经》三书。他对戴震误校之处，一般都能予以改正，使校文更接近真实，但他亦有不少误校、漏校的地方，有的地方干脆避而不校。他撰有《九章算术细草图说》9卷、《海岛算经细草图说》1卷、《缉古算经考注》2卷。

此外，沈钦裴（字侠侯，江苏苏州人）曾于道光九年（1829）编撰《四元玉鉴细草》，虽未刊行，但因其观点新颖，见解精辟，在消去法及垛积术的解释方面更接近朱世杰本意，故学术意义较大。扬州人罗士琳（字次璆，号茗香，约1785—1853），曾撰有《比例汇通》4卷、《四元玉鉴细草》24卷、《勾股容三事拾遗》、《演元九式》、《台锥演积》、《三角和较算例》、《弧矢算术补》、《续畴人传》等著作，其中《四元玉鉴细草》影响大，流传广。

焦循的《加减乘除释》也较有影响。焦循（1763—1820），字理堂，号里堂，江苏扬州人，为经学家兼数学家。他对《九章算术》及刘徽注文进行探讨，指出《九章算术》和刘徽注文不外乎加减乘除："盖《九章》不能尽加减乘除之用，而加减乘除可以通《九章》之穷。"他于嘉庆三年（1798）撰成《加减乘除释》8卷，用来解释《九章算术》，明确给出基本运算律，是为中国正式给出运算律之第一部书，功不可没。此外，他还撰有《天元一释》2卷、《释椭》1卷、《释轮》2卷、《释弧》3卷、《大衍求一术》1卷、《开方通释》1卷、《乘方释例》5卷等数学著作。

汪莱对球面三角形的解法及方程理论有独创。汪莱（1768—1813），字孝婴，号衡斋，安徽歙县人。博览群书，尤好数学，与焦循、李锐交好。嘉庆十年（1805）时，三人恰都在扬州，终日切磋学问，人称"谈天三友"，所撰数学专著为《衡斋算学》7册。《衡斋遗书》9卷中也有数学研究文章。《衡斋算学》第一册讨论球面三角形的解法；第二册阐述勾股形已知面积及勾弦和求各数之法；第三册讨论在已知全弧通弦情况下求五分之一弧通弦之法；第四册的前半部分仍讨论球面三球形解法，后半部分讨论《递兼数理》；第五册讨论二次方程、三次方程正极个数；第六册讨论在已知全弦通弦条件下解求三分之一通弦之法；第七册专论方程有无正根的条件与解法。

汪氏对球面三角形的解法和方程理论的研究工作是有成绩的，而在方程论方面的贡献更是主要的。另外，在第四册的《递兼数理》中，所论排列、组合的概念及排列数和组合数的计算法；在《衡斋遗书》中之《参两算经》篇中所论二进制、三进制乃至九进制的概念与算法，均为中国数学中首次讨论的问题。开拓性研究成果于此可见。

李锐在数学领域的贡献并不逊色于在天文历法领域的成就。他的数学著作共四种：《勾股算术细草》1卷、《方程新术草》1卷、《弧矢算术细草》1卷、《开方说》3卷。此外，李锐还撰《测圆海镜细草》，是为在四库馆员校订基础上，对李治《测圆海镜》重新加以详细校算订正之作，收在《知不足斋丛书》第二十集中。

李氏的《开方说》是他数学研究的代表作，是中国方程理论专著。在对李治、秦九韶等宋元数学家著作的整理过程中，李氏对方程论产生兴趣，而汪莱对方程正根个数的讨论，又推动了他深入研究。应该说，汪莱《衡斋算学》第五册和第七册是《开方说》形成的基础。李氏在方程论方面的贡献包括：第一，总结出数字方程所具有的正根个数等于其系数符号序列变化数或比此数少 2，等于提出了方程正根个数判定的符号法则；第二，把正根以外适合方程之解称为"无数"，明确提出"凡无数必两，无一无数者"；第三，讨论了整数范围内二次方程与双二次方程无实根的判别条件；第四，引入负根和重根概念；第五，对于宋元时期方程变形法如倍根、缩根、减根、负根等变换，予以充实和完善；第六，首创"代开法"，即先求一根首位，继由变形方程求余位数字乃至余根。

李锐的成就在《续畴人传》中受到很高的评价。罗士琳评价"谈天三友"，称汪莱"期于引申古人所未言，故所论多创，创则或失于执"；称焦循"期于阐发古人所已言，故所论多因，因则或失于平"；难李锐"兼二子之长，不执不平，于实事中匪特求是，尤复求精，此所以较胜于二子也"。

（三）晚清近代数学的产生与发展

1. 李善兰的突出贡献

晚清近代数学在中国的出现、发展，李善兰为之做出了突出的贡献。具体表现为：把传统数学独立研究到新的水平，已经接近达到西方高等数学的程度；翻译介绍西方高等数学及其他自然科学书籍；执教于学校，培养数学人才。

李善兰

李善兰培养了一大批数学人才，是中国近代数学教育的鼻祖。

李善兰（1811—1882），原名心兰，字竟芳，号秋纫，别号壬叔，浙江海宁人。出身于书香门第，先祖本在河南，元初迁居海宁。李善兰幼读书于私塾，勤奋好学，更兼天资聪颖，故早期教育较佳。

李善兰对数学从小就非常喜好。还在 9 岁孩提之时，一日偶然发现父亲书架放有中国古代数学名著《九章算术》，翻来觉得有趣，竟从此与数学结下不解之缘。及至 14 岁，他完全凭自学读通明末传入的欧几里得《几何原本》前 6 卷的汉译本。中西数学，特点、风格不同，前者偏重实用解法和计算技巧，后者重逻辑推理。显然，李善兰走入数学殿堂之初，就同时受到中西数学的双重影响，为后来的发展打下了良好基础。

青年时，他曾以州县生员身份赴省城杭州参加乡试，但因八股文章不遂考官之意而未能榜上有名。然他仍矢志不移，于数学兴趣不减。他购读李治《测圆海镜》及戴震《勾股割圆记》。曾拜吴兆圻为老师，学习数学。他在家乡经常独自或携友测山高，观星象，以至于至今故里仍流传关于他新婚之夜尚不忘依阁楼之窗观测星宿的往事。

浙江沿海曾是鸦片战争的主要战场。清军在战场上一触即溃，甚至望风而逃，使李善兰痛感中国积弱落后，决意科技救国，乃于道光二十五年前后（1845）在嘉兴设馆授徒，并进行数学研究。咸丰元年（1851），李善兰结识戴煦，取长补短，相得益彰。他与数学家罗士琳、徐有壬（1800—1860，曾任江苏巡抚，太平军破苏州城，被杀）也有学术交往。

咸丰二年（1852），李善兰到上海墨海书馆，伟烈亚力（A. Wylie，1815—1887）对他的数学著作非常赞赏。之后数年，他与外国人合作翻译了许多极有价值的科技书籍。

咸丰十年（1860），李善兰为徐有壬幕僚。自次年直至逝世，他以学识和声望受聘参与洋务运动。先在安庆内军械所主书局，几年后至南京。其间力主刊刻出版所译、所著书籍，得到曾国藩和李鸿章的资助。同治七年（1868）任同文馆天文算学总教习。任上培养众多人才，并继续从事学术著述活动。到同文馆后，先后被清廷授多种职衔：钦赐中书科中书，从七品卿衔；加内阁侍读衔；升户部主事，加六品卿员外衔；升员外郎，五品卿衔；加四品卿衔；三品卿衔户部正郎、广东司行走、总理各国事务衙门章京。李善兰没有功名，得此殊荣，正从一个侧面反映出他的贡献之大、学术地位之高。京城"名公巨卿，皆折节与之交，声誉益噪"。

李善兰数学著述很多，包括《方圆阐幽》1卷、《弧矢启秘》2卷、《对数探源》2卷、《垛积比类》4卷、《四元解》2卷、《麟德术解》3卷、《椭圆正术解》2卷、《椭圆新术》1卷、《椭圆拾遗》3卷、《火器真诀》1卷、《尖锥变法解》1卷、《级数回求》1卷、《天算或问》1卷，收录同治六年（1867）刊行的《则古昔斋算学》，计13种24卷；《考数根法》，发表于同治十二年（1873）的《中西闻见录》第一、第三和第四号上。此外，尚有《测圆海镜解》《测圆海镜图表》《九容图表》《粟布演草》《同文馆算学课艺》《同文馆珠算金踌针》等。

李善兰的主要数学成就为尖锥术、垛积术、素数论三方面。

尖锥术是在西方近代数学传入中国之前，李善兰深入钻研，大胆求索所发明、创造的。在这项成就中，体现了解析几何的启蒙思想，推得一些重要的积分公式，创立二次平方根的幂级数展开式，以及各种三角函数、反三角函数、对数函数的幂级数展开式。尖锥术不愧是晚清中国数学界最大的成就。正是这一成就，使李善兰成为中国传统数学最后一个杰出代表。

《方圆阐幽》专论尖锥术。书中，李善兰使用"当知"来论述尖锥术原理。"当知"即命题，有的相当于定理。李善兰共使用10条"当知"。第1条至第3条用以阐释点、线、面、体之间的关系；第4条阐释一数正整数幂用平面积或线段表示均可；第5条阐释尖锥形包括等腰三角形、直角三角形、正四棱锥及阳马等；第6条阐释一数四次幂以上可表示为底为方形之尖锥，但侧面是凹形而非平面；后3条类似积分学的几个公式。他以尖锥术在《弧矢启秘》和《对数探源》二书中，分别证明了正弦、正切、正割的幂级数展开式；论证对数的幂级数展开式，阐释了对数的计算原理。

李善兰的研究表明，即便没有后来西方微积分的传入，中国数学家完全可以通过自己的特殊途径来创立微积分。

垛积术见于《垛积比类》书中。主要研究"有高求积术"和"有积求高术"。该书不仅有法，而且有其他书所没有的图与表。有高求积是已知层数来求这一行的各数之和，但需找出这一行的求和公式。有积求高是在已知这一行各数之和条件下求得层数，通过解高次方程来解决。书中除三角垛和三角变垛包含有元代朱世杰落一形和岚峰形两类垛外，又创造了三角自乘垛和乘方垛两类新的垛积，给出求和公式，其中三角自乘垛的中心，是被称为"李善兰恒等式"的组合公式，后在中外均很有名。

该书堪称组合数学产生前，属于该领域的一部有影响的佳作。

素数论见于所著《考数根法》。数根即素数，素数概念初始引入中国，是在《数理精蕴》之中，以"数根"名之。考数根法就是判别一个自然数是否为素数的方法。李善兰经过深入研究，得到 4 种方法，即"屡称求一"法、"天元求一"法、"小数回环"法、"准根分级"法。李善兰还证明了数学家费尔玛（Pierre de Fermat, 1601—1665）提出的费尔玛小定理，并指出它的逆定理不真。《考数根法》是中国第一部系统性素数理论著作，也是一部高水平著作。

李善兰是中国近代数学的开拓者。这主要表现在他在 19 世纪 50 年代，与伟烈亚力合译三部数学著作。这些著作对于西方近代数学在中国传播起到了深远的影响。这些著作是：

《几何原本》后 9 卷。《几何原本》为古希腊欧几里得原著。前 6 卷为明末徐光启和利玛窦合译并刊行。后 9 卷由李善兰与伟烈亚力合译，所据底本为顺治十七年（1660）版英文本，咸丰七年（1857）出版。李善兰作序称此举为"续徐、利二公未完之业"。后又在曾国藩（1811—1872）资助下，于同治四年（1865）由金陵书局出版15卷足本《几何原本》。

《代数学》13卷，是西方符号代数学产生以来的第一部关于代数学的中文译本，原著是英国数学家德·摩尔根（A. De Morgan，1806—1871）在道光十五年（1835）所撰。李善兰与伟烈亚力合译，由上海墨海书馆在咸丰九年（1859）出版。

《代微积拾级》18卷。底本为美国数学家罗密士（E. loomis，1811—1899）在道光三十年（1850）所著。李善兰与伟烈亚力合译，上海墨海书馆咸丰九年（1859）出版。该书前9卷是平面解析几何；10至16卷是微分学；后2卷是积分学。是书出版，表明解析几何学、微积分学正式传入中国。从此中国开始有了高等数学。

李善兰译书之际，没有先例可资借鉴，故许多概念、名词如何给定，是很费斟酌的。李善兰以深厚的数学功力、较高的文字修养，以及严肃认真的态度，创译了许多科学名词，如代数、函数、常数、变数、系数、已知数、未知数、方程式、单项式、多项式、原点、轴、圆锥曲线、抛物线、双曲线、渐近线、切线、法线、摆线、蚌线、螺线、无穷、极限、曲率、歧点、微分、积分等。由于译名准确、贴切，不仅为中国接受并沿用至今，而且东渡扶桑，为日本学界所接受和使用。

在李善兰的数学译著中，也部分地采用了世界上普遍运用的符号，如 $\div$、$\sqrt{}$、$>$、$<$、$=$、$(\ )$ 等。但有一些他并未与世界通用者一致，如未知数，他以天、地、人、物表示，而未用 X、Y、Z 等；他用中国数字，而不用通行的阿拉伯数字等等。这是形式上的不足之处。

李善兰在京师同文馆进行数学教研工作达14年。他教过的学生已逾百人。他对教学兢兢业业，"口讲指画，十余年如一日"。授业于他的学生有的去外省为官，有的为清政府委派出洋，声名较著者有席淦、贵荣、熊方柏、陈寿田、胡玉麟、李逢春诸人。培养人才之情伴他一生，以至晚年获得意弟子江槐庭、蔡锡勇，还特意给华蘅芳写信相告："近日之事可喜者，无过于此"。育才、爱才之心，跃然纸上。

2. 华蘅芳的成就

华蘅芳（1833—1902），江苏金匮（今无锡）人。字畹香，号若汀。其父曾任江西永新县知县。华蘅芳虽禀赋很高，但自幼不喜四书五经，厌八股文章，"读《大学》章句，日不过四行，非百遍不能背诵"，"从师习时文，竟日仅作一讲，师阅之，涂抹殆尽"。显然，华蘅芳别有所好。他在旧书堆中发现古算书，如获至宝，终日捧读，无师自通。他的这种天生对数学的兴趣，再加上他父亲有意识地给他买古算书引导，为他日后在数学领域做出非凡成就创造了必要条件。

师友的指点，对他的发展作用尤大。他在自学数学的同时，还广求师友。他曾慕名拜访素昧平生的徐寿，皆因徐寿精于科技发明创造。他还专程去上海，拜访正在翻译西方科技书籍的李善兰。在上海，他还见到了中国近代最早出国留学并归来效力的容闳（1828—1912），结识了传教士伟烈亚力和傅兰雅（J. Fryer，1839—1928）等人。这些交往，使他大大地开阔了眼界，并汲取了新的学术营养。

洋务运动开始后，华蘅芳怀着科技救国、实业救国的信念，热情投身于这场求富、求强的社会变革中。先在曾国藩创办的安庆内军械所工作。他还参与创办江南制造局。他从同治六年（1867）起与外国人合译西方科技书籍，次年起在江南制造局翻译馆专事译书工作。他曾主讲上海格致书院。光绪十三年（1887）他到李鸿章所创办的天津武备学堂担任教习。光绪十八年（1892）又去武昌主讲两湖书院的数学课程。及至65岁高龄，他仍热心教育，在无锡竢实学堂执教。他与李善兰一样，都是晚清中国数学领域最著名的科学家、翻译家和教育家。

华蘅芳的数学著作主要有《学算笔谈》12卷、《算草丛存》4卷、《开方别术》1卷、《数根术解》1卷、《开方古义》2卷、《积较术》3卷，均收录《行素轩算稿》。除此之外，还有《算法须知》1卷、《西算初阶》1卷。其数学成就主要为开方术、积较术和数根术三个领域。

开方术成就见于《开方别术》等著作之中。他提出了推求整系数高次方程的整数根的新方法即"数根开方法"。其法被李善兰评价为独开生面，"较旧法简易十倍"。但不足之处在于方程的无理数根不能求出。

积较术成就见于《积较术》等书中。分别定义了两种计数函数，给出一组乘方乘垛互反公式和几个组合恒等式。数根术成就主要见于《数根术解》书中，他指出了相当于今天"筛法"的求素数法。他阐明：自然数位数增加，素数间隔也愈稀，然素数之个数却是无穷尽的。他也证明了费尔玛小定理，但却没能指出其逆定理不真。总体看来，在中国传统数学研究成就上，华蘅芳还是排在李善兰之后的。

华蘅芳在翻译西方数学书籍，传播先进的数学知识方面，可以说与李善兰各有千秋。华蘅芳与英国人傅兰雅合作，共译出数学书籍7种、89卷。具体情况如下。

《代数术》25卷。原著英国人华莱士（Wallace），原载《大英百科全书》第八版，咸丰三年（1853）出版。同治十一年（1872）由江南制造局出版。内容包括：代数，对数、指数的幂级展开式，三角关系式，反三角幂级数展开式，几何问题的代数解法，棣模弗公式等。

《微积溯源》8卷。原著英人华莱士（Wallace），原载《大英百科全书》第八版，咸丰三年（1853）出版。同治十三年（1874）翻译出版。较李善兰所译《代微积拾级》水平高，内容多，涉及微分方程问题。

《三角数理》12卷。原著为英人 J. 海麻士（Hymers）咸丰八年

（1858）所撰。光绪四年（1878）翻译出版。是较系统、完整的三角学著作。《代数难题解法》16卷。原著为英人T.伦德（Lund）光绪四年（1878）所撰。次年即在中国译成出版。

《决疑数学》10卷。原著一为英人T.加洛韦（Galloway）所撰，载于《大英百科全书》第八版，咸丰三年（1853）出版；二为英人R.E.安德森（Anderson）所撰，载于《钱伯斯百科全书》新版，咸丰十年（1860）出版。中译本光绪六年（1880）出版。是书为编译之作。书中细述西方概率论史，介绍了有关人口估测、人寿保险、预求定案准确率，以及医疗、邮政领域统计平均数的方法。书中论述了概率理论、斯特林公式、正态分布及正态曲线等。这是传入中国的第一部，也是较完整的一部概率论著作。

《合数术》11卷。原著为美国人O.白尔尼（Byme）所撰，同治二年（1863）出版。中译本光绪十四年（1888）出版。介绍对数表造法。《算式别解》14卷，原著为美国人E.J.休斯顿（Houston）和A.E.肯内利（kennelly）合撰，光绪二十四年（1898）出版。次年中译本出版。除上述七种出版者外，还译出了《相等算式理解》《配算算法》，惜未出版。

华蘅芳所译数学书籍，知识容量方面远远超过李善兰所译之书；又因所用底本较新，出版较快，故时效性也在李善兰书之上。此外，他译各书，文笔流畅易懂，有助于发挥出书的科学价值。当然，这与李善兰译著在先，可资借鉴不无关系。

3. 其他渠道对近代数学的传播

徐建寅（1845—1901）与傅兰雅合译《远规约指》3卷。属初等实用几何学内容，原著者为英人白起德。译著同治九年（1870）由江南制造局出版，有图136幅。

英国传教士伟烈亚力早在咸丰三年（1853）就用中文写成《数学启蒙》一书。光绪八年（1882）创设于上海的教会学校中西书院的八年学制中，有关数学的课程安排为：第三年开数学启蒙课；第四年开代数学；第五年开勾股法则、平三角、弧三角；第六年开微分、积分。山东教会学校登州文会馆的学制分备斋三年、正斋六年，计九年。有关数学课程其正斋第一年开代数备旨；第二年开圆锥曲线；第六年开微积分学。

洋务运动期间兴办各类学堂，均开有数学课程。京师同文馆八年制数学课程为：第四年开数理启蒙、代数学；第五年开几何原本、平三角、弧三角；第六年开微分积分。其他学堂如张之洞开办的自强学堂、江南制造局所属江南工艺学堂，以及北洋水师学堂等军事学堂，均设数学课程。盛宣怀在光绪二十一年（1895）创办的中西学堂（盛氏本人称为北洋大学堂），按大学标准设立，公共必修课中即有数学。

清末新政中，广设新学堂，数学教育趋于正规化。更多的中国学生接受了西方数学教育。

洋务运动时期派遣幼童赴美留学，虽然学业未了即受遣返国，但也接触和学习到了包括数学在内的西方自然科学。马尾船政局设船政学堂，在十九世纪七八十年代先后派出3批本堂学生到英国、法国及德国进修深造。绝大多数人学习驾驶、制造，必涉数学的学习，且其中还专有学习兵

盛宣怀

盛宣怀是清末官员，官办商人、买办，洋务派代表人物，也是著名的政治家、企业家和慈善家，被誉为"中国实业之父""中国商父"。他创办了中国第一个民用股份制企业轮船招商局。

船、算学等学。及至清末新政，出国留学生渐多，其中有些人在国外大学专攻数学，如郑之藩（1887—1963）即在光绪末年去美国学习，辛亥革命前回国从事数学教育。其他学习工程、铁路、航运等专业的留学生，也受到了系统的高等数学教育。

翻译西方数学书籍的除前述李善兰、华蘅芳等人，20世纪初留日学生中也有人进行这方面的工作。他们就近将日本人撰写的西方数学书籍翻译过来，介绍给国人。范迪吉等人翻译的百册《普通百科全书》中的数学书有：《数理问答》《初等算术新书》《初等代数学新书》及《新撰三角法》等。

另外，翻译过来的数学书还有：美国人狄考文（Calvin Wilson Mateer，1836—1908）与邹立文合编的《笔算数学》3册，狄考文与邹立文合译的《代数备旨》13卷，美国人鲁米斯著、狄考文与邹立文等合译的《形学备旨》10卷，谢洪赉与美国人潘慎文（A. P. Parker，1850—1924）及鲁米斯普摘译的《代形合参》3卷、《八线备旨》4卷。其他一些译著：《心算初学》《西算启蒙》《心算启蒙》《数学启蒙》《圆锥曲线》《量法须知》《代数须知》《三角须知》《微积须知》《曲线须知》《最新三角术》《最新几何学》及《最新代数学》等。

晚清数学教材基本上都是译著，李善兰和华蘅芳的译书多在大学中使用；其他译著一般在中学或小学使用。

晚清西方数学著作大量翻译出版，各类学校对近代数学课程的设置，以及留学生在国外的学习与深造，使西方数学得到了空前的传播，有关人才不断涌现。但因当时主要处于传播阶段，故传入后对数学本身的研究基本无进展。

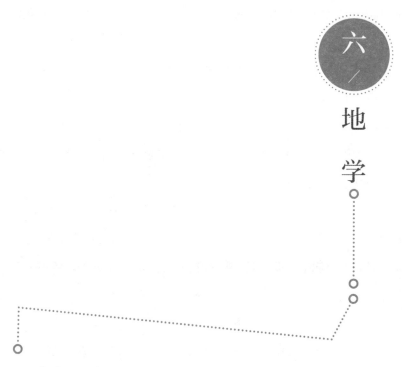

六、地学

（一）清前期、中期地学的发展

1. 西方地图和地学知识的传入

明末来华传教士，带来了当时较为先进的世界地图及地图学知识。清代前期和中期，西方有关知识仍有一定程度的传入，主要表现在康熙、乾隆年间几个重要地图的绘制上，以及传教士传入地理等方面知识上。

中国传统地图，主要采用在裴秀六体的基础上计里画方，加以绘制。西方地图以经纬度表示地理位置，准确度较高。之前传入中国的世界地图，有关中国的部分粗略不详。康熙皇帝（1654—1722）在与沙俄谈判签订《尼布楚条约》后，曾想依据传入的世界地图了解沙俄使者到中国的路线，但因图过于简略粗陋，康熙无法从中了解。当时清政府统治已基本稳定，社会经济有了明显的恢复和发展。但作为最高统治者的康熙皇帝，经历了镇压沿海抗清斗争、"三藩之乱"、沙俄侵占黑龙江地区、噶尔丹叛乱等大的历史事件之后，深感精确的全国地图对于统治的重要性。西方地图中的外国部分的准确性，以及得自传教士讲授的西方科技知识，使康熙认识到，授命西方传教士，并采用西方先进技术来绘制精确翔实的中国地图，也是切实可行的。

康熙四十七年四月中旬至二月末（1708 年 7 月至次年 1 月），在京的外国传教士雷孝思（Joan Baptiste Regis，1663—1738）、白晋（Joachim Bouvet，1656—1730）和杜德美（Pierre Jartoux，1668—1720）三人，受康熙命令测绘长城位置。作为测绘结果的地图，长 4.6 米。长城自身绵延曲折、踞高山藏幽谷之势测绘得清楚精确自不待言，其余如山脉、城门、堡寨、河流、渡口、城镇屯落，亦一一标明。康熙对试测结果表示赞许，续派另一传教士费隐（X. E. Fridelli）顶替患病的白晋，测绘满洲地区和直隶北部区。历时 2 年余精密之图亦成。为了加快测绘进度，康熙五十年（1711），测绘人员分成两组。杜德美与费隐、山遥瞻（G. Bonjour）出长城至哈密测量。雷孝思先后与麦大成（J. F. Cordoso）、冯秉正（J. F. M. A. de M. De Mailla）、德玛诺（R. Kenderer）测绘山东、河南、江南、浙江、福建、台湾等地地图。后雷孝思又至云南，完成费隐和山遥瞻未测完部分的工作；继又与费隐共同测绘贵州和湖广省的地图。各省分图测绘完毕，康熙又派遣曾在蒙养斋跟传教士学习数学、测量的喇嘛二人到西宁、拉萨等地测量。在各地测绘的基础上，由杜德美负责拼接分图。康熙五十七年（1718），一部包括长城南部 15 省份、东北、哈密地区及西藏地区的地图——《皇舆全览图》，历经 10 年的艰苦工作和不懈努力，终于绘制出来了。

在测量方法上，同时使用了西方天文大地测量和三角测量两类方

法。绘制地图之前即已做好投影、比例尺及分幅等方面的原则规定，为分图顺利拼接创造了条件。比例尺为 1 : 140 万，采用正弦曲线等面积伪圆柱投影，即"桑逊投影"。

测绘工作在全国各地测得经纬点 641 个。这类测绘，欧洲国家或未进行，或未完成。这方面，当时堪称位居世界前列。在西藏测量时，发现了珠穆朗玛峰（《皇舆全览图》标明"朱母郎马阿林"，为藏语"女神第三峰"的音译），比印度测量局的英籍测量员埃佛勒斯（G. Everest，1790—1866）在咸丰二年（1852）对此峰的测量早出 135 年。当时欧洲科学界为地球是扁圆还是长圆争论不休。雷孝思和杜德美在测绘过程中，发现不同纬度之间的经线长度不同，以事实证明了地球为扁圆形体。这两个发现，是地理发现史和测绘史上的大事，具有世界性意义。

珠穆朗玛峰
珠穆朗玛峰是喜马拉雅山脉的主峰，是中国最高的山峰，同时是世界海拔最高的山峰。

《皇舆全览图》在中国和世界科学史上具有重要地位。它是中国第一部有文献可证的实测地图。它是《雍正十排图》《乾隆十三排图》及晚清地图产生的基础。中华民国初年的《中华民国新地图》也利用该图和有关数据。在欧洲，法国根据传教士提供的底本绘成《中国新图册》出版。荷兰也出版了《中国新图册》。它成了欧洲认识、了解中国的一个重要媒介。

由于这次测量对新疆西部地区实测不多，所以乾隆时又先后两次派人去西北地区测量。第一次在乾隆二十一年（1756）二月至十月进行。第二次始于乾隆二十四年（1759），历时一年。第一次测量了天山北路及天山南路部分地区。第二次则完成了天山南路的测量。第一次由何国宗主持，明安图随往。第二次则由明安图主持。这两次测量也采用天文测量和三角测量两种方法。大量第一手实测材料，使《皇舆西域图志》于乾隆二十六年（1761）得以完成。在这个基础上，传教士蒋友仁（1715—1774）奉命对《皇舆全览图》进行改制增订，完成了《乾隆内府舆图》（也称《乾隆十三排地图》）。此图所及，北到北冰洋，南到印度洋，西达红海、地中海和波罗的海，实为亚洲大陆全图。蒋友仁采用特殊的梯形投影法制图，比例尺为 1∶140 万。

西方先进的地图测绘技术随着测绘工作的进行，自然得以在中国传播。

但测绘结果——地图，却深锁于宫中，不能广为国人所用，实为一大憾事。及至晚清湖北巡抚胡林翼（1812—1861）倡编《大清一统舆图》，需要依据《皇舆全览图》和《乾隆内府舆图》，才使得 100 多年前的测绘成果在国内传播开来。这不能不说是一个悲剧。

2. 游记式地理著作

清代亦有类似《徐霞客游记》的游记形式的地理专著，图理琛、杨宾等均有此类著作。

图理琛（1667—1740），字瑶圃，姓阿颜觉罗，满洲正黄旗人。康熙时期，先后在朝中任内阁中书、内阁侍读、礼部牛羊群总管等职。康熙五十一年（1712）四月，受皇帝命令，去伏尔加河下游地区的土尔扈特部（蒙古族）进行慰问。五月由京师启程，沿途经过蒙古高原、西伯利亚、乌拉尔山，越俄罗斯，终于到达目的地，交递谕旨，完成了使命。康熙五十四年（1715）三月回到京师。康熙予以褒奖，授兵部员外郎。康熙还命他将奏呈的报告刊印出来。书名《异域录》，以满、汉两种文字刊行。雍正元年该书刊印。全书 3 万字。记述所经地方的山川河流、地理形势、物产民俗、动植物分布、道路远近等。书中除对蒙古少有笔墨外，基本部分都是记述域外俄罗斯的。

该书体现几个"第一"：卷首所附图理琛绘制的俄罗斯地图，虽失

《异域录》是我国第一部介绍蒙、俄
地理历史之专著。至今也是研究俄罗
斯地理有参考价值的资料。

于过简，却是国人实地考察后绘成的第一
幅俄国地图；这是中国第一本介绍俄罗斯
区域地理的专著。图理琛自然也就成为中
国有史以来经由上述地方、并留传下游记
的第一人。

《异域录》问世后，很受欢迎，以至
已刊行多种版本。在欧洲也受青睐，有法
文、瑞典文、俄文、英文等几个译本。当
年它有助于人们了解俄罗斯，今天仍是研
究俄罗斯历史地理、中俄关系史及土尔扈
特蒙古的颇有价值的资料。

杨宾（1605—1702）著有《柳边纪
略》5卷。其父遣戍宁古塔，他于康熙二十八年（1689）去探望父亲。
他把一路上的见闻写成《柳边纪略》，主要内容有地理沿革、山川聚
落、风土景物、语言习俗等。

书中提到地方语言："边外多山，戴沙土者曰岭，如欢喜岭、盘头
岭之类。戴石者曰拉，亦作礳，如拉伐，必几汉必拉之类。平地有树木
者曰林，如恶林，王家林之类。山间多树木者曰窝稽，亦曰阿机。《盛
京志》作窝集。《实录》作兀集……瀑布曰发库，平地曰甸子，亦作佃
子。如宽甸子，张其哈喇佃子之类。"

书中还描写了当地的生活习俗："开户多东南，土炕高尺五寸，周
南、西、北三面，空其东。就南北炕头作灶，上下男女，各据炕一面。
夜卧南为尊，西次之，北为卑，晓起则叠被褥，置一隅，覆以毡或青
布。客主共坐其中，不相避。西南窗皆如炕大，糊高丽纸，寒闭暑开。"

对黑龙江、松花江他作了一些考证，认为"黑龙江（《元史》作合

兰河）发源塞北，南流而东。混同江发源长白山，北流而东。虽入海合
而为一，而其源则相去甚远。《金史世纪》称混同江亦号黑龙，大误。
又以西江之水，手掬之皆白色，惟达望略如柳汁耳。《金志》及《松漠
纪闻》称掬之则色微黑，皆不可信。"

3. 水文地理、边疆地理著作

黄宗羲（1610—1695），字太冲，号
南雷，学者称梨洲先生，浙江余姚人，
他是清初著名思想家、史学家和科学
家。明亡后隐居著述，屡拒清廷征召。
研究领域甚广，天文、算术、乐律、经
史百家及释道之书，无不涉猎。与孙奇
逢、李颙并称三大儒。《今水经》是他对
水文地理的研究著作。该书把全国水系
分为南水、北水两类。北水包括黄河及
其支流，东北的河流，河北、山东的河
流，淮河等。南水包括长江及其支流，
浙江、福建的河流，广江（即珠江）水
系，云南的河流等。这种分类方法比
《水经注》的条理性强，改正了《水经

黄宗羲

黄宗羲是明末清初经学家、地理学家、
天文历算学家、教育家。黄宗羲与顾炎
武、王夫之并称"明末清初三大思想
家"，其代表作有《明儒学案》《宋元学
案》《明夷待访录》《孟子师说》等。

注》的部分错误。《今水经》仍有错误之处：在分类上，它没有内流河系；
在某些河流的流向和从属关系上也搞错了，说黑龙江入松花江，曹娥江
入浙江（今钱塘江），潞江（今怒江）入大盈江等。

南北朝时郦道元注释《水经》，成《水经注》这一历史地理学之
名著。然而年代久远，水道变化甚大；加上《水经注》对南方及偏远之
地水道叙述偏简，因故续貂之著更形需要。

齐召南（1703—1768），字次风，号琼台、息园，浙江天台人。生于官宦之家。幼即聪慧，人称神童。在清廷任过翰林院庶吉士、侍读学士、内阁学士上书房行走、礼部侍郎等官职。他记忆力惊人，有一目十行而终生不忘之载。他学问精深广博，有奉旨赴边疆的使臣行前多面询齐召南有关当地情况。他著述甚多，有关历史地理方面，有他任《大清一统志》纂修官时所撰该书中山东、江苏、安徽、福建、云南、外藩及属国部分；有人称"清代《水经》"的《水道提纲》。后者堪称他全部著述之代表作。

《水道提纲》计 28 卷，乾隆二十六年（1761）完成。该书对当时中国沿海如鄂霍次克海、渤海、东海、南海，以及沿海城镇、关隘、海口、岛屿等均加记述。该书还记述了当时中国土地上的各个水系。既分述各地之河川，也专论全国名河大川，还记载了入海水系及入长江、黄河、淮河等大河水系。内容丰富、全面、准确，多有创见。它认为长江正源非岷江，而是金沙江；它记载的黄河源头亦与今日认识一致。齐召南及其《水道提纲》在中国古代历史地理研究中具有重要地位。

顾祖禹的《读史方舆纪要》。顾祖禹（1631—1692），字景范，人称宛溪先生，江苏无锡人。先世累有任明朝官吏者。其父顾柔谦，博览群书，尤好史地。明亡后，率顾祖禹隐居山野，躬耕不出。临终前叮嘱顾祖禹：明《一统志》在古今战守、攻取之要方面论述不详；在山川条例方面支离破碎，源流不备；故应发愤读书，写出有水平、有见解的著作来。顾祖禹隐居不仕，专志著述。历时 21 年，在 50 岁时写出《读史方舆纪要》130 卷巨著，计 280 万字。

全书包括以下几方面内容。历代州域形势（1—9 卷）；直隶、江南及 13 个布政司的历史沿革和地理形势（10—123 卷）；历代地理书关于河川记载（124—129 卷）；史书关于星宿分野的记载（130 卷）。

顾氏并不满足于罗列现象，更重视进行分析和总结。在战争胜败与地利关系的分析上，尤显出超群见解。他认为，无险固然重要，但胜败的决定因素还在于是哪些人掌握着天险。他举例说，函谷关秦国用之攻战六国可绰绰有余，而秦末之衰势，虽以拒盗尚嫌不足。他还举例说，诸葛亮出剑阁可以威震陕甘地区，而后主刘禅却连成都也不能保。他得出结论："故金城汤池，不得其人以守之，曾不及培嵝之邱、泛滥之水。得其人，即枯木朽株，皆可以为敌难。"

顾氏的见解是发人深省的。顾氏治学的使命感之强，在学者中也不多见。他写此书的目的之一，就在于总结明朝纲纪败坏，坐失险要的教训，为反清斗争提供借鉴。该书内容丰富，考订详尽，为历史地理和战守军事史的研究提供了大量资料。

吴振臣著有《宁古塔纪略》。他父亲于顺治十四年（1657）遣戍宁古塔，康熙三年（1664）在当地生他。他在宁古塔生活了17年。40年后，他根据自身的经历，写成此书。描述了当地的气候、物产、风俗、植被等，对当时的边防措施、官庄制度、满族的语言文字及边防上各站的名称和里程也作了介绍。最后，根据朋友的言谈记载了康熙五十九年（1720）六七月间圃魁（今黑龙江齐齐哈尔市）东北50里发生火山爆发的事实。他写道："忽烟火冲天，其声如雷，昼夜不绝，声闻五六十里。其飞出者，皆黑石硫黄之类，经年不断，竟成一山。"

徐松（1781—1848）著有《西域

宁古塔

宁古塔位于黑龙江省牡丹江市，是中国清代统治东北边疆地区的重镇，是清代宁古塔将军治所和驻地，是清政府设在吉林广大地区的军事、政治和经济中心。

水道记》5 卷。是书是他仿《水经注》体例，于道光元年（1821）写成的。是书以罗布淖尔（今罗布泊）、哈喇淖尔（今敦煌西北）、巴尔库勒淖尔（今巴里坤湖）、赛喇木淖尔（今赛里木湖）、宰桑淖尔（今斋桑泊）、特木尔图淖尔（今伊赛克湖）等 11 个湖泊为纲，叙述甘肃嘉峪关以西和新疆地区的水系，体现了内河流的特点。在湖泊之下以河为条目，对河流流经地区的城市、聚落、支流、山岭、某些地点的经纬度及这个地区的历史、物产、地貌、少数民族、历史文献、方言、水利、水文、驻军情况等都做了叙述。它既是一部水系著作，又是一部地理著作。书中还记载了冰川及冰川地貌，如将木素尔岭上的冰川冰分为浅绿、白如水晶、白如碎碌 3 种。

李诚著有《云南水道考》5 卷。是书写于道光年间，约 65000 字，以北盘江、南盘江、西洋江、金沙江、六归河、赤水河、澜沧江、潞江、大金沙江等 9 条干流为主纲，附以各干流的支流。总计支流 454 条。是书对云南省的水系记载详细，但亦有个别错误的地方，如把大金沙江误为雅鲁藏布江。书后所附《滇南山川辨误》，对《徐霞客游记》中三处错误给予订正。

4. 传统地方志

地理志是中国传统的地理学著作，《汉书·地理志》首开先例，历代相沿不辍。而中国古代地理志的主要内容，则包括疆域沿革、山川、物产等自然地理和人文地理。地理志包括三种形式，一是历代正史中都设"地理志"；二是官修全国性的总志，如元代的《大元大一统志》、明代的《大明一统志》；三是由省至乡所修的地方志，如道志、卫志等。

清朝继承前代传统，也重视编修地理志。我国现存地方志总数约 8000 种，其中清代编修的为 5500 种，明代编修的约有 1000 种。清代地理志存数较多，固然与社会发展进步及清廷重视有关，也与清之前历代距今久远，旧时代兵荒马乱，多有失佚有关。

清朝非常重视全国性总志《大清一统志》的修纂，曾三次组织人力，三次修纂。第一次成书于乾隆八年（1743），全书342卷；第二次成书于乾隆四十九年（1784），全书500卷；第三次成书于道光二十二年（1842），全书560卷。《大清一统志》的体例，将北京和各省、地区分为22统部和青海、西藏等地区，再以府、州分卷叙述；具体内容包括疆域、分野、建制沿革、城池、学校、户口、田赋、山川、关隘、梁津、人物等计25目。堪称涉面较广，内容也较详尽。

除《大清一统志》外，清代的地理志基本上为地方省、府、州县志乃至镇、乡志。一般省一级为某某省"通志"，府一级称某某"府志"，县一级称某某"县志"。清政府修纂《大清一统志》之前，要求各地先修当地方志，以备参考，这便促进了各地的方志的编修。各地方的方志的修纂，当然不仅限于清朝前期和中期，晚清各朝特别是历时较长的光绪朝，均有新修方志的问世。

地理志中记载有许多珍贵资料，这些资料又是其他文献中难以求寻的。

如地震、矿产、河流、科技人物等资料，是后人研究地学史的重要资料，也为地震、河流观测及探矿找矿提供了宝贵的线索。

地理志的发达，使方志学应运而生。章学诚（1738—1801）在修成和州、亳州、永清三志和主修《湖北通志》基础上，总结修纂方志的经验教训，创建方志学，对地方志的定义、沿革、体例、内容、编纂方法进行了研究。

5. 矿产文献

有的矿产文献，撰者多数并不出于科学研究的动机，而是爱好、玩赏和收集各种石头的文人雅士写成的石谱。自古以来此类书籍层出不穷。清代宋荦的《怪石赞》（1665年成书）、高兆的《观石录》（1668年成书）等书，便属此类。书中对多种石头的形状、颜色、自然特性等均有涉及，成为矿产文献资料中有价值的一部分。

清代已有专门研究矿物学的著作。云南矿业尤其铜矿业历史悠久，规模亦大，堪称全国之首。有关云南矿厂的书，清代有嘉庆四年（1799）檀萃（？—1802）撰《滇海虞衡志·金石篇》，对铜矿及其他矿种，做了一些记载。还有一部《铜政便览》8卷，但成书年代和著者均不可考。较有影响的当推吴其濬（1789—1847）所著《滇南矿厂图略》。此书为吴其濬编纂，徐金生绘辑，约成书于道光二十四至二十五年（1844—1845）。全书分上、下卷，上卷名《云南矿厂工器图略》，下卷名《滇南矿厂舆程图略》。

《滇南矿厂图略》细述云南铜矿分布、矿床构造及找矿、采矿技术。关于铜矿石，书中记述了许多种。"自来铜"为最佳，含铜量为"十溜"（100%）。九溜以上者有"彻矿"，色深黑，质松脆。含铜量较高的还有"绿矿"。含铜量较低的则是"锡镴"类矿石。书中记述汤丹铜矿床的特点为：矿体为扁豆体，厚度由数米到四百米不等。书中也介绍了云南所产金、银、锡、铁、铅等矿产，并记述乾隆四年（1739）后金银矿在采铜时被发现而附带开采。

（二）晚清近代地学的发展

1.对世界地理与边疆地理的研究

长期以来，政治高压使人们噤若寒蝉，不敢了解和研究外国；"夷夏之辨"的传统观念又使人们不屑于这样做。然而，正是这些不为人们所认识的外夷，居然对天朝上国走私鸦片，侦察挑衅，甚至为保护鸦片贸易和打开中国大门而蓄意挑起战争。严峻的现实，使统治集团中的一部分人觉悟到，必须了解和研究外部世界了。鸦片战争前后，形成了一个著书立说，介绍外国史地、政情等情况的高潮。林则徐开其端，为近代中国睁眼看世界之第一人；魏源深入进行研究探讨，进行了必要的理论总结；徐继畬等人也做了富有意义的工作。

　　林则徐（1785—1850），福建侯官人，字元抚，一字少穆，晚号竢村老人。嘉庆进士。在东河河道总督任内，徒步抽验秸料数千垛，尽力修治黄河。任江苏巡抚期间，疏陈连年钱漕之累，小民之苦，坚请缓征，并修白茆、浏河水利。在湖广总督任上，力主严禁鸦片，并采取切实有效措施禁烟。正由于他勤于吏治，为政清廉，较有远见，禁烟态度坚决，故为道光派遣至广东查禁鸦片。在广东，他有虎门销烟的壮举；他有区分鸦片走私和正当贸易的灼见；他积极进行战守准备，并相信

林则徐纪念馆

林则徐纪念馆始位于福建省福州市，是在光绪三十一年（1905）建成的"林文忠公祠"基础上成立的。2018年10月，该纪念馆被命名为"全国中小学生研学实践教育基地"。

"民心可用"，允许人民在外国侵略者入侵时持刀痛杀。

战胜敌人，必须了解对手。林则徐等人已经认识到，外国为达侵华目的，对中国"探习者已数十年，无不知之"，他为"吾中国无一人焉留心海外事者"而深深抱憾。林则徐于道光十九年（1839）抵达广州，在禁烟的同时，每天派人"刺探西事，翻译西书，又购其新闻纸（报纸）"。林则徐将搜集到的外国人编撰的各种书籍及报纸，亲自审阅修订，先后译编成《四洲志》《华事夷言》《滑达尔各国律例》等。《四洲志》系根据英人慕瑞（Hugh Murray）《地理大全》译出，林则徐润色，编成初稿。《四洲志》介绍了世界五大洲30余国的地理、历史、政情，是当时中国第一本较有系统的世界地理志。据说有道光二十一年（1841）刊本，惜未得见。有《小方壶斋舆地丛钞》补编本，中华民国二十年（1931）上海石印。

林则徐的远见卓识，当然不能挽狂澜于既倒，积弱的清王朝在鸦片战争中成为失败者。但林氏睁眼看世界之举，却影响了一代人；《四洲志》的译编，成为清代地理学全新进程的起点里程碑。

魏源（1794—1857），湖南邵阳人，原名远达，字默深。道光进士，为主张"经世致用"的今文学派。曾受江苏布政使贺长龄之聘，辑《皇朝经世文编》，撰筹漕、筹河等篇。助江苏巡抚陶澍筹办漕运、水利诸事。鸦片战争爆发后，一度入两江总督裕谦幕，参加浙东抗英斗争。后愤清廷战和不定，投降派昏庸误国，乃辞归著书。他于道光二十一年（1841）在镇江受林则徐嘱托，据《四洲志》译稿及中外文献资料，撰成《海国图志》。道光二十二年（1842）刊本50卷，5年后增订为60卷，咸丰二年（1852）又扩编为100卷。

《海国图志》所参考和征引的文献资料颇多，范围涉及中外古今各类著作。除以《四洲志》为基础外，先后征引历代史志14种，中外古今各家著述 70 多种、奏折 30 多件，以及亲自了解而来的材料，附图 73 幅。该书叙述世界各国地理分布和历史政情，提出了自己对政治、经济、海防的见解。内容远较《四洲志》等书丰富和浩博。

《海国图志》在学术上的最大贡献，是奠定了中国的世界史地研究基础。它不仅是中国人编撰的第一部世界史地志，更重要的是初步触及了研究世界史地的理论方法，走出了前无古人的一步。它第一次从理论上提出了研究世界史地的时代意义和方法问题。魏源从对历史的观察，已朦胧意识到"中外一家"的发展趋势。既然已不能绝缘于这个世界，就必须主动研究世界史地。他强调材料基础的扎实性，主张尽量用外人的直接记载。他主张加强系统性研究，注意东西方国家联系和对比。在编撰上也形成了自成体系的结构：全书分为自撰部分和资料汇编部分，自撰部分有总叙、后译和文中夹注等，是全书灵魂；资料部分是全书内容的主体。

《海国图志》的历史意义在于，它赋予国人以新的近代世界的概念。之前旧史之《外国传》多过简或失实；少数专书不外海外奇谈；明末清初西方传教士的新知识不受重视。是书以几十幅世界地图，以浩繁的叙述，为人们展示了另一个近代世界。书中阐发的"师夷长技以制夷"的主导思想，促使人们去思索，去变革。

《海国图志》也存在一些不足和错误之处。在辑录他人著作时，魏源未能对原著中的欠缺和错误予以指出和纠正。如所附地图系选之他书，但原图绘制技术较差，形状、位置及距离多有偏差，魏源并无任何说明和改正，照辑不误，失于准确和科学。另外，该书虽有魏氏自撰《筹海篇》及各部分叙文与按语，但大多为辑录他人著作予以汇编而成。

《海国图志》之后，世界地理研究竟成风气。梁廷楠的《海国四说》和徐继畬的《瀛环志略》反映了这一趋势。

梁廷楠（1796—1861），广东顺德人，字章冉，号藤花主人。道光副贡生。曾任广州越华、粤秀书院监院，学海堂学长，广东澄海县（今汕头市澄海区）训导等职，参与过禁烟斗争和鸦片战争时的抗英斗争。鸦片战争前夕就留意搜集海外旧闻、各种报章及西人著述，探寻西方国家强弱分化的原因。道光二十四年（1844）开始，先后撰成《合省国说》（即美国史）3卷、《兰仑偶说》（即英国史）4卷等书。道光二十六年（1846）刊行《海国四说》，内中即有上述二书并其他种书。

《海国四说》介绍了西方资本主义国家地理、经济、政治、文化、宗教及风俗等。是书也把介绍史地与激励中国近代反侵略斗争相联系。在介绍美洲开发时说：欧洲人初至美洲，"其地已先有土著如中国之苗者十数万人……各国商船始不过以贸易至，货尽即行，继侦知其力弱谋独无能力，又人少土旷，谓可夺而有之……各国遂先后劫以兵而分裂其地"，对英国灭印度、攻缅甸、占南洋的侵略行为，无不予以揭露。作者显然要让国人从中汲取教训，变弱为强，以免遭侵略。是书在规模上不及《海国国志》，但在体例上已不同于《海国图志》式的资料汇编，形成一家之说的撰述之作。

徐继畲（1795—1873），字健男，号牧田、松龛，山西五台人。道光进士。曾任翰林院编修、陕西道监察御史、广西浔州知府、福建延邵津道道台。鸦片战争时，在福建汀漳龙道任上抗敌。后升任广西巡抚、福建巡抚兼闽浙总督。他利用在福建沿海为官的便利条件，广泛收集外国史地资料，历经五载，手稿修改几十次，终于道光二十八年（1848）撰成《瀛环志略》10卷，刊刻出版。

该书约15万字。系统介绍了世界近80个国家和地区的地理位置、历史变迁、经济文化及风土人情。于亚洲、欧洲及北美洲叙述最为详尽，而对国人向少了解的南美洲、大洋洲和非洲亦有介绍。该书资料比较准确。全书有 42 幅地图，除日本及琉球一幅取自中国资料，其他均从西方地图册上钩摹而成，堪称是当时中国刊印的外国地图中最好者。书中介绍了西方先进武器和交通工具，并以欣赏笔调谈及西方的资产阶级民主制度。

是书出版后，即为国内开明者所重视。魏源增订百卷本《海国图志》即引用其该书约 4 万字的材料。该书于咸丰十一年（1861）传入日本后，备受重视，几次翻刻，广泛流传，印刷与装帧质量亦远在中国刻本之上，并以日文、英文注出人名、地名，地图套彩印刷。日本刊本反流入中国，成为翻刻的摹本。洋务办学，是书成为同文馆教科书之一。

是书亦有不足。何秋涛（1824—1862）曾作《瀛环志略辩正》一文，对书中有关俄罗斯部分的差误予以订正。另外，某些观点失当。在非洲社会发展落后的原因上，是书沿袭殖民主义者的诬蔑之词："黑番愚懵，无经营创造之能，遂至人禽杂处，长此榛狉。"他解释欧洲器物先进的原因是欧地"在乾戌方，独得金气"。他认为开凿巴拿马运河的计划不能实现，在他看来，"两地之限隔，天地之所以界画东西也"，既然理当如此，"欲以人力凿之，不亦慎乎！"再则，是书不同意"师夷长技"，唯恐失体，表现出封建保守性。

鸦片战争前后，清王朝日衰，在英国于东南沿海挑衅和大举进犯的时候，陆地边疆也受到越来越严重的威胁。有识之士忧心忡忡，著书立说，对边疆的地理和历史加以研究，以图唤起国人的注意。龚自珍（1792—1841）为澄清东北边界问题，写过《最录平定罗刹方略》，于研究东北中俄边界有很大的参考价值。曾立志编撰《蒙古图志》，搜集许多资料，惜失火被毁。魏源在边疆地理研究上也有贡献。道光二十二年（1842）撰成《圣武记》，内有《国朝俄罗斯盟聘记》和《俄罗斯附记》两篇，介绍中俄边界情况。

稍后并且成就较大的研究者当推张穆、何秋涛及曹廷杰等人。

张穆（1805—1849）初名瀛暹，字诵风、蓬仙，一字石州，山西平定人。26岁时录为优贡生，候选知县。34岁（1839）后弃仕途，长住北京宣武门外，一意著述。学识精深广博，尤精于历史地理和古文字学，《蒙古游牧记》是他的代表作。

《蒙古游牧记》凡16卷，张氏逝世后经友人何秋涛校订，并补辑末4卷，才得全部成书。以蒙古历史上各盟的旗为单位，对在内外蒙、青海、新疆等地各部落历史、地理情况，详细考注。对清廷与蒙古王公的关系，也记述甚详。内蒙古24部6卷，外蒙古喀尔喀4部4卷、额鲁特蒙古3卷、额鲁特新旧土尔扈特3卷。在地理方面，他对蒙古各处地形、驻军重镇及边地卡伦，都考古证今。他还注意对自然经济条件的考察，每记一地，必记其水道泉源流向，何处水咸不可食，何处有水草，何处宜稼穑畜牧，等等。《蒙古游牧记》是第一部较系统的蒙古地志，是研究蒙古历史、地理的重要参考书，受到中外学界的重视。光绪二十三年（1897）有俄译本问世；中华民国六年（1917）、二十八年（1939）先后有两种日译本出版。

何秋涛（1824—1862），字愿船，福建光泽人，道光进士。历任刑部主事、员外郎。曾主讲保定莲池书院。因外患日深，关心社会政治问题，尤注重边疆史地研究。他认为沙俄与中国接壤，"与我朝边卡相近，而诸家论述，未有专书"，乃广为搜集资料，撰成《北徼汇编》6卷，后又增至80卷并附图。进呈咸丰，赐名《朔方备乘》。

何秋涛著书目的在于称颂清初武功，提醒统治者认清边疆形势，抵御外来侵略。为了这个目的，该书不仅记载了历朝北部边疆用兵得失之故，而且对东北到西北的边疆沿革的攻守地形作了详尽考察。他认为中国北部边疆最大威胁来自沙俄，故对中俄关系方面的史地情况着墨甚多，文章亦最有价值。这方面的篇章有《北徼界碑考》《俄罗斯馆考》《雅克萨城考》《尼布楚城考》《艮维窝集考》《库页附近诸岛考》《北徼山脉考》《艮维诸水考》《乌孙部族考》等等。

论及东北边境防御，何秋涛认为吉林至关重要，"为盛京屏障者吉林也，为吉林根本者东海诸部也"。故以专篇记东海诸部，该书还以边疆沿革考证，驳斥一些不正确的说法。

该书考订群书，集诸家大成，史料来源十分丰富。该书突破了之前边疆史地研究领域，把研究范围扩大到边疆以外史地。在继承发展东北、蒙古、新疆史地研究成果的同时，又展开了对俄罗斯、西伯利亚等史地的研究。姚莹（1785—1853），安徽桐城人，字石甫，号展和。嘉庆进士。鸦片战争期间任台湾道，会同总兵达洪阿，奋力抗击侵台英军，屡次击退英舰。平日即注意搜集有关世界各国情况的资料。鸦片战争后受诬贬官四川，尤努力探寻抵抗侵略的良策，将多年搜集所得资料，撰成《康輶纪行》16 卷，着重考察西藏地区，绘制有世界和中国西南边疆地图，记载了不少有关英、法、俄、印度、廓尔喀、哲孟雄等国地理、历史知识，提醒时人警惕英国侵藏野心，建议加强沿海与边疆防务。

曹廷杰（1850—1926），字彝卿，湖北枝江人。自幼熟读四书五经，并及史地书籍。由廪贡生考取汉文眷录，在国史馆当差。光绪九年（1883）至宣统二年（1910），几次受命去东北，在三姓靖边军后路营中办理边务文案；进行过近两年的黑龙江等地的边防考察；调查沙俄擅自派人到东北勘探铁路的情况；试办呼兰山植山货税务，试办都鲁河税务；补吉林知府并兼理府学。在东北期间，他广泛收集资料，勤于著述，研究东北史地。他的主要著作有《东北边防辑要》《西伯利亚东偏纪要》《东三省舆地图说》等，于我国东北史地研究贡献甚大。

《东北边防辑要》偏重于历史文献的汇集整理。阐明明、清两代东北疆域及其管辖，论证黑龙江流域自古即为中国领土。

《西伯利亚东偏纪要》是作者实地考察中俄边界后写成的，全书计118条。曹廷杰对永宁寺碑和奴尔干都司衙署所在地的考察，以及对永宁寺碑文的拓取与研究，都成为明代东北疆域的极富说服力的证据。曹廷杰拓取和研究奴儿干永宁寺碑文的成果，震动了当时的学术界。是书对当时边防价值也很大。吉林将军特摘取书中85条送清廷军机处，摘了35条奏呈皇帝。

《东三省舆地图说》，主要是关于东北地理、考古及民族等方面的学术札记。内中《古迹考》1卷，是作者在东北实地考察的成果。咸平府、率宾府、显州、信州、五国等处，作者考证出确切的地点，解决了史家悬而未决的问题。其他如金上京、三姓、白城、得胜陀碑、完颜娄室碑等问题，该书均提出独到看法。

曹廷杰还撰有《条陈十六事》《查看俄员勘探铁路禀》，在抵制沙俄侵略东北方面，向清政府提出了许多有价值的建议，如自筹款项筑路、自定路轨规格、垦荒开矿、移民实边、练兵备战等。

曹廷杰是晚清首位全面实地调查黑龙江流域民族、历史、地理、古迹及社会经济的学者，他在清朝边疆地理研究领域具有重要地位。

2. 西方地学知识的传入

鸦片战争后，西方地学知识也比较系统地传到中国。

编著、翻译西方地学著作是传播渠道之一。第一个在中国传播西方近代地学知识的是英国伦敦教会教士慕维廉（Muirhead William，1822—1900）。道光二十六年（1846）他即来到中国上海传教。他有很深的中文功底，咸丰三年（1853）出版了他编译的《地理全志》。书分上、下编，上编论地政，下编论地质、地文。

在上编中，分洲叙述了世界地理。下编之卷一为地质学内容，其他各卷则是自然地理学的内容；卷二是地貌学；卷三为水文学；卷四、卷五为气象气候学；卷六为植物地理学；卷七为动物地理学；卷八为人口地理学；卷九为数理地理学；卷十为地理学史。此书把世界地理知识比较完整准确地介绍给中国人，同时，还使中国人有机会比较深入地了解到诸如地震、火山、地裂、水质、江河湖泊、海洋潮汐、化石及地层等方面的知识和理论。

慕维廉还在咸丰七年（1857）刊行《六合丛谈》，在这个刊物上发表过包括《地球形式大率论》《水陆分界论》《洲岛论》《山原论》《地震、火山论》《平原论》《潮汐平流波涛论》《河湖论》等一系列文章。洋务运动时期，中国科学家华蘅芳等人与外国传教士合作，也翻译了一些较有价值的西方地学著作。

《金石识别》是美国著名地质学家和矿物学家 J. D. 代那（James Dwight Dana，1813—1895）所著，由英国传教士玛高温（D. J. Macgawan，1814—1893）口译，华蘅芳笔译，江南制造局于同治十二年（1873）出版。这是第一次将近代矿物学和晶体物理学知识系统介绍到中国。全书 12 卷，设总论、分论两部分。总论中有"论金石结成之形""论金石形色性情"等内容；分论中的内容包括论述"锈金类""气类""水类""炭类""硫黄类""金石化学""金石分类之法"等。此书译完之后，华蘅芳又继续与玛高温合作，把英国著名地质学家莱伊尔（C. Lyell，1797—1875）所著《地学浅释》译出，同治十二年（1873）江南制造局出版，全书 38 卷。原著为同治四年（1865）出版的第六版本。于是，莱伊尔的地质进化均变说和达尔文生物进化论首次在中国得以介绍。

此外，江南制造局还译有其他地学方面的书籍。据统计，从同治七年至光绪三十三年（1868—1907），共译出"矿学"书籍10种72卷，译出"地学"书籍3种51卷。其中矿学类书有《开煤要法》《井矿工程》《宝藏兴焉》等等。

清末新政中去日本留学的学生，也译出一些地学书籍。范迪吉等人于光绪二十九年（1903）翻译并出版的《普通百科全书》100册中，有地学方面的:《地质学》《日本新地理》《万国新地理》《万国地理学新书》《地理学新书》《日本地理问答》《世界地理问答》《矿务学问答》《矿务学新书》《地文学新书》等。

上述编著和翻译的西方地学著作，对于传播地理学、地质学、采矿冶金学、矿床学等知识，起到了不小的作用。当然，有些书中关于地质年代等译名采用音译，不利于掌握和普及。

自洋务运动起，晚清教育也逐渐进行改革。洋务运动中兴办的学堂，许多都开设地理、矿学课程，有的还专门设立这方面的专业。京师同文馆五年制学生第五年开设地理金石课；八年制学生第三年开设各国地图课，第八年开设地理金石课。盛宣怀在光绪二十一年（1895）创办的北洋大学堂（又称中西学堂、北洋公学），即有"律例、矿务、制造"三个专科。张之洞在光绪十八年（1892）于湖北矿务内附设矿业学堂和工业学堂，开设矿学及工艺课程。张之洞在湖北开设的湖北算学堂亦开矿学课程。广东开设的西艺学堂，分设矿学、电学等5种专业。

洋务运动中办起的学堂选派出国留学生，有的就是选学矿务等专业。福州船政学堂在光绪三年（1877）派出首批留欧学生30余人，其中有1人专学矿务，有4人学习矿务和制造理法（上述5人依次为：罗臻禄、池贞铨、张金生、林庆昇、林暲）。

清末新政中，各地纷纷设立新式学堂，地理课程得到普及。张之洞

福州船政学堂是中国第一所近代海军学校，培养出了中国第一批近代海军军官和第一批工程技术人才，他们是中国近代海军和近代工业的骨干中坚。

在湖北开办的小学堂、中学堂，均开设地理课程。张之洞开办的师范学堂，也开设地理课程。光绪三十年（1904）张之洞改湖北西路高等小学堂为矿业学堂。宣统元年（1909），京师大学堂设"地质学门"，聘请德国人梭尔格博士（F. Solgar）讲授。同期国人也有出国留学学习了地质专业的，如章鸿钊（字演群，浙江吴兴人，1877—1951）光绪三十年（1904）留学日本，宣统三年（1911）毕业于东京大学理学部地质科；丁文江（字在君，江苏泰兴人，1887—1936）毕业于英国格拉斯哥大学地质系，宣统三年（1911）回国。日本专设教育中国留学生的学校中，有一矿路学堂，内设铁路、矿务两科。

　　教会学校也开设了地理、地质等课程。光绪八年（1882）开学的上海中西书院八年制教育中，第三年有"各国地图"课，第八年有"地学、金石类考"课。

需要指出的是，晚清有的人虽然出国并无学习使命，但却在国外不失时机地学习了地学方面知识。邹代钧（字甄伯，湖南人，1854—1908）就是这样。他受家学熏陶，自幼喜好舆地之学。光绪十二年（1886）作为随员随刘瑞芬出使英俄等国。他在外国期间，潜心学习、研究西方测绘地图技术，堪称中国第一位在国外研习西方近代地图学的人。

上述传播西方地学的手段和渠道，在传入西方地学的过程中，都不同程度地发挥着作用。《地学浅释》曾在中国用作教材，鲁迅就读江南陆师学堂时就用过它。江南制造局翻译的书籍，较长时间成为国内新式学堂的教材。光绪二十九年（1903）规定的学堂教材，属于翻译的地学书即有《世界地理学》《大地平方图》《地学指路》《金石略辨》等。洋务运动期间派遣的首批赴美留学的幼童，虽学业未竟就被迫回国，但其中仍涌现出黄耀昌、陈荣贵、唐国安、梁普照、邝荣光、邝景扬、陆锡贵等人，成为中国首批矿业工程师。章鸿钊在日本东京大学理学部地质科毕业回国后，在京师大学堂任地质学讲师，是为中国人中第一位教授地质学课程者。王汝淮（别号皖南，广东南海人，1870—？）原在广州同文馆，光绪十六年（1890）调至京师同文馆学英文，光绪二十二年（1896）被派至英国伦敦学习矿务，以优异成绩学成回国，在工部任职，继到京师实业学堂工作。宣统三年（1911）开始编写《矿学真诠》，中华民国六年（1917）脱稿，是中国人写的第一部采矿学教科书。邹代钧于光绪十五年（1889）从英、俄回国，带回欧美地理图册多种。适逢清政府开馆续修《会典》，乃呈《上会典馆书》，建议兼采中西地图测绘法，受到普遍赞赏。他担任湖北舆图局总纂、湖北译书局海国地图编辑。戊戌变法运动中，他是湖南维新报纸《湘学报》的舆地撰稿人,是南学会舆地主讲人。戊戌变法失败,又主讲两湖书院。光绪三十三年(1907)又在京师大学堂任总教习,并主讲舆地。

近代地学的传入,还有一种特殊的媒介,即西方学者到中国进行地质资源调查。这种调查本身是学术性的,但却服务于帝国主义侵华目的。客观上,这些调查过程、调查结果,也影响着中国地质学的发展。

这类调查始于同治年间,整个晚清未有间断。先是西方学者进行,继则日本学者也参加这类地质调查。

第一个到中国调查地质的是美国人庞佩利(R. Pumpelly,1837—1923)。他从同治元年(1862)开始,在华北和长江下游进行了三四年的调查。他于调查之后,著有《中国蒙古及日本的地质研究》一书,提出中国地质构造线为东北—西南走向的所谓"震旦方向"学说,对中国地质学产生过较大影响。同治七年(1868),德国著名地质和地理学家李希霍芬(Ferdinad von Richthofen,1833—1905)到中国考察,进行了四年,到达中国南北14个省区。根据调查,写出《中国,亲身旅行的成果和以之为根据的研究》多卷巨著(1877年至1913年陆续出版)。书中提出的中国黄土风成说、中国地层和地质构造等论述,以及有关中国化石的记述及所附地质图,都有一定影响和权威性。书中还提出了"山西之煤可供全世界千年之用"及胶州湾为良港的观点。德国强租胶州湾和垂涎于山西采煤权,理论依据均与调查有关。

其他调查还有:光绪三年至六年(1877—1880),洛茨(D. Locy)先走长江流域,过秦岭而入甘肃,然后沿南山北麓进入川西山区,最后由西康进入云南;光绪二十九年(1903),维里斯(B. Willis)和布来克维尔德(E. Blackwelder)先后去山东西部、东北南部、河北、山西、陕西、四川、湖北、长江三峡地区调查,发表有《中国调查报告》;光绪三十三年至宣统二年(1907—1910),布朗(J. C. Brown)几次去云南调查；宣统元年（1909），戴普拉（G. Deprat）进入云南调查，历时 15 个月，写有《云南东部地质》，清末来华进行调查的日本人有小藤文次郎（1856—1935）等人，他们活动范围是东北。光绪三十三年（1907）隶属于大连满铁总部的满铁地质调查所成立，对中国东北及山东进行地质调查，更是赤裸裸地为日本变东北为其殖民地的阴谋服务的。

3. 中国近代地图学、地质学的诞生

西方地学理论传入中国后，晚清中国学者加以运用，进行研究，取得了一些成果。

邹代钧是中国近代地图学的倡导者和奠基人之一。所著《上会典馆书》《湖北测绘地图章程》二书，堪称其地图理论和方法的代表作。于西方先进测绘理论如经纬度测量法、三角测量法、多种投影法、等高线法等均加论述，对西方先进的测绘工具及其用法的介绍不胜详尽。

他于光绪二十一年（1895）在武昌创办译图公会。光绪二十四年（1898），是会改名为舆地学会，是中国近代地理学最早的学术组织。舆地学会致力于编译出版中外名图，推进地理学研究，普及地理教育。

邹代钧主持湖北舆图局、舆地学会期间，先后绘制出版湖北地图《湖北全省分图》《中外舆地全图》等地图书，计各类总图、分图千余幅。这些地图除《湖北全省分图》是实测外，其他都是精选自外国人所作最新地图和国内胡林翼《大清一统舆图》、各省通志、州县志所附地图。编制地图时，将中国传统的计里画方绘法转化为地图投影法。在编译外国地图时，不仅把外文译成汉文，把经纬度改为以中国京都子午线为起始子午线，而且把比例尺改行自制的中国舆地尺，以便国人掌握。他还采用多种投影法和彩印法来制作地图，使这些西方先进技术在中国

得到运用。

邹代钧在地理书籍方面也有许多著述，主要有《光绪湖北地记》24卷、《中国海岸记》4卷、《西域沿革考》2卷、《中俄界记》3卷、《蒙古地记》2卷、《日本地记》4卷、《安南、缅甸、暹罗、印度、阿富汗、俾路支六国记》8卷等。

中国人自己撰写有关中国地质的学术论文，最早的当推虞和钦和鲁迅（1881—1936）。虞和钦（浙江镇海人）于光绪二十九年（1903）在上海创办《科学世界》杂志，当年该杂志四、五月份的第二、三期上，发表了他的论文《中国地质之构造》。鲁迅曾在江南陆师学堂附设矿路学堂读书，光绪二十九年（1903）十月在《浙江潮》第八期上发表《中国地质略论》。之后的光绪三十一年（1905），直隶矿产局总勘探师邝荣光测绘出《直隶地质图》是为中国首份地质图，之后他又发表《直隶省矿产图》《直隶石层古迹》等学术文章。宣统二年（1910），东京帝大留学生顾琅根据日本地质矿产局秘本编纂一幅《中国矿产全图》。张相文（1866—1933）早在光绪二十七年（1901）、二十八年（1902）两年就编著《初等地理教科书》和《中等本国地理教科书》，成为中国最早自编地理教科书。光绪三十一年（1905）又编著《地文学》和《最新地质学教科书》。

中国人在晚清成立了中国地学会。该学会是张相文与张伯苓等人发起，于宣统元年（1909）在天津创立的，张相文被推举为第一任会长。次年，《地学杂志》问世。初为月刊，因经费原因，后改双月刊、季刊、半年刊，甚至还被迫几次停刊。

中国人在晚清也进行了一些地学考察性质的活动。张相文曾在宣统元年至三年（1909—1911）到山东、河北、河南、内蒙古等地，进行旅行考察。《地学杂志》上发表过他考察后所写文章《齐鲁旅行记》《豫游小识》《塞北纪行》等。

4.考据派对历史地理的研究

鸦片战争以后，传播、倡导和研究西方地学固然渐成时代主流，但仍有一些学者继承乾嘉考据学风，埋首于古书之中，进行沿革地理的研究。在考证地名、补充史实、校注古代地理名著、搜集历史地理资料等方面，促进了我国沿革地理学的发展。杨守敬与丁谦在这方面尤值一提。

杨守敬（1839—1915），字惺吾，晚号邻苏老人，湖北宜都人。同治元年（1862）中举人后，屡次进京会试皆不中，乃绝意功名，专志著述。曾为随员出使日本。光绪十年（1884）归国后曾任两湖书院地理教习。其代表作有《水经注疏》《隋书地理志考证附补遗》《水经注图》《历代舆地图》等。

《水经注疏》40卷，计73万字，4倍于原书字数，对于《水经注》所述河流迁徙、郡县沿革、城镇荣衰、各种地理现象，都有详尽考述，以今地名予以注释；对以往研究《水经注》的成果予以辨析，订伪纠谬，对全祖望、赵一清、戴震三人校勘中的纠谬之错予以揭发。

杨守敬

杨守敬是清末民初杰出的历史地理学家、金石文字学家、目录版本学家、书法艺术家、藏书家。他被誉为"晚清民初学者第一人"，代表作《水经注疏》。

《隋书地理志考证附补遗》共9卷。广征博引隋史志记传、唐宋地理总志，以及明清两代研究成果，论述了隋代郡县建制与省并的原因。

《水经注》无图说，难令读者有具体地理观念。咸丰年间（1851—1861）汪士铎（1802或1804—1889）撰《水经注图》，惜描绘粗陋，比例失调，方位错乱，水道源流亦追溯不清。由是杨氏乃作《水经注图》，取胡林翼《大清一统舆图》为底本，以传统绘图之法，将郦氏记载的137条水道、1252条支流及所经地方（城邑、湖泽、古迹）和各种自然地理现象，均予细致而准确的描绘。即以今日标准衡量，大多数也是正确的。

《历代舆地图》共34册，耗时35年。图籍包括历代疆域总图和各朝详图，从春秋到明朝，贯通古今，内容可谓丰富。过去的历史地图，多为断代之图。嘉庆年间李兆洛曾编有《历代地理沿革图》，但内容过简，错讹亦多，且将割据之朝省并为一图，完整性较差。杨守敬编绘之图则予以改进。所据府本为胡林翼《大清一统舆图》，而胡氏舆图又以康乾时传教士所绘制地图为根据，故杨氏舆地图更具准确性。

除上述三书外，杨守敬还著有《汉书地理志补校》《三国志郡县表补正》《晦明轩稿》《禹贡本义》等。考释地名方位，补订郡县变革，均有创建，正因为杨守敬学术成就超出前人，故当时人就把他的地理学与李善兰的数学、段玉裁的小学，并称为清代三绝学。

丁谦（1843—1919），字益甫，浙江嵊县（今嵊州市）人。同治四年（1865）贡于乡，后曾任象山县教谕、处州府教谕。他博览群书，长于边疆和域外地理考证和研究。代表作为《蓬莱轩舆地学丛书》，光绪二十八年（1902）出版。

丁谦对历代史书的西域传详加考证，对其中舛误、弊病予以纠正。他还广泛搜集古今中外材料，对正史西域传的遗阙进行增补。除了撰著历代正史西域传地理志外，丁谦还对蒙古舆地详加考证，撰《元秘史地理考证》16卷，纠正前人错误，并补其遗漏。丁谦的考证，往往还扩及域外。《晋外四夷考证》就谈及大秦（罗马）的历史，并考证了通向大秦的通道。对朝鲜史地也有涉及，《朝鲜传考证》则考证出大同江和鸭绿江均有浿水称谓。

鸭绿江大桥

鸭绿江大桥，又称为中朝友谊桥，位于丹东市城区，是鸭绿江国家重点风景名胜区六大核心景区之一。

医

学

（一）传统医学的新发展

1. 本草著作

清代关于本草方面的著作问世较多，成就亦比较显著。

（1）赵学敏与《本草纲目拾遗》

赵学敏（约 1719—1805），字依吉，号恕轩，浙江钱塘（今杭州）人。其父为福建龙溪（今漳州市龙海区）知县，颇晓医道。家藏古今医书，并有养素园培植各种药草。赵学敏自幼即对医学产生浓厚兴趣，及至成年，更是广为涉猎、研读古今医书药典。

赵学敏

清代著名医学家，他凭借对医学的热爱自行研读医书。其著作有《奇药备考》《本草纲目拾遗》等。

虽父命业儒，然其终生却专务方技之学。他治学勤勉、严谨，一生著述甚丰，所著之书合称《利济十二种》，可惜其中大部分已失传，如《奇药备考》6卷、《本草话》32卷、《百草镜》8卷、《花名小药录》4卷、《外绛秘要》3卷，均为生药学、药理学和药化学方面著作。现存于世的，除《本草纲目拾遗》10卷外，还有关于铃医技术的《串雅内编》4卷和《串雅外编》4卷。

《本草纲目拾遗》
《本草纲目拾遗》作为清代重要的本草著作，受到海内外学者的重视。

《本草纲目拾遗》著于乾隆十一年（1756）。体例上效仿《本草纲目》，又比后者多出藤、花二部，计18部。全书共收药物921种。本书具有以下特点。第一，药物来源广泛。药房的药方广告，边防外记诸多记载，西方传教士传播的信息，无不在采集选择之列。民间许多药物，如治风湿的千年健、医毒虫咬螫的独角莲、治冷痢的鸦胆子等，均收录书中。再如西洋参、吕宋果等舶来药物，也均入选。第二，作者对搜集的药物，采取严谨的科学态度，进行查验，力求准确无误，如同作者所说，"拙集虽主博收，而选录尤慎"，"必审其确验，方载入"。有的草药作者为观察研究，还自行培植。作者不满足对药物的间接耳闻，一定坚持目见查验。第三，进一步发展了李时珍的《本草纲目》。全书所收921种药物中，有716种是《本草纲目》未载或误收的。他评价李时珍之《本草纲目》："诚博矣，然物生既久，则种类愈繁，"有的未及时记录，时过境迁，恐难辨识。他举产于安徽西部霍山石斛形小味苦和白术根斑力大为例，说明药物同物异种之区别，不应一概而论。书列"正误"，专论《本草纲目》传讹、漏载药物。该书为《本草纲目》拾遗补缺，纠谬

千年健

千年健为天南星科千年健属的植物，药用部位是其干燥的根茎。能治风湿痹痛、跌打损伤、胃痛、痈疽疮肿等。

独角莲

独角莲属多年生草本植物，中药中的"白附子"即系独角莲加工而成。独角莲的叶片幼时内卷如独角状，似"小荷才露尖尖角"，故名独角莲。

西洋参

西洋参属多年生草本植物，原产于加拿大，中国北京怀柔与长白山等地也有种植。可治气虚阴亏，咳喘痰血，口燥喉干等。还能保护心血管系统，提高免疫力。

正误，相得益彰，有较高的学术价值。

（2）吴其濬与《植物名实图考》

吴其濬（1789—1847），字瀹斋，别号雩娄农，河南固始人。嘉庆二十二年（1871）中进士，殿试翰林榜一甲第一名，授职翰林院修撰。后历任兵部左侍郎、江西学政、署湖广总督、湖南巡抚、浙江巡抚、云南巡抚、云贵总督、福建巡抚、山西巡抚等职。吴氏留心民情，注意各地物产，而为官走遍中国大部地区，又为他比较全面地考察提供了便利条件。他一生著述不少，包括《滇南矿厂图略》《云南矿厂工器图略》《滇行纪程集》以及《植物名实图考》。其中《植物名实图考》学术价值较大。

《植物名实图考》全书分两部分。一部分是《植物名实图考长编》22 卷，系辑录古代植物文献而成；另一部分则称《植物名实图考》，计38 卷，系以《植物名实图考长编》为基础，亲身察访后编成。吴氏具有严谨态度和科学精神。他不满足于简单地参考前人的研究成果，尽管他广泛搜集文献资料，达 800 余种，他更重视实地的考察和对实物的观察。每到一处，他都要尽力采制和搜集植物的标本，并重视农民、牧童等在实践中积累的有关知识。书始撰于嘉庆二十二年（1817），历经40 年，其间随时修改和增加新的材料。至去世之前，仍不以为书已完成。吴其濬去世后一年即道光二十八年（1848），陆应谷将《植物名实图考》刊行。陆氏为该书作序称颂吴其濬"具稀世才，宦迹半天下，独有见于兹，而思以愈民之瘼，所读四部书，苟有涉于水陆草木者，靡不割而辑之"。吴其濬较长时间内身为清朝政府的封疆大吏，能坚持研究著述，且具严谨求实精神，的确是难能可贵的。

《植物名实图考》的编写体例也仿照本草，分类方法也与《本草纲目》基本一致。书收植物 1714 种，绝大多数都是药用植物，分为谷类、蔬菜、山草类、隰草类、石草类、水草类、蔓草类、芳草类、毒草类、群芳类、果类、木类，计12类。《植物名实图考长编》收录植物838种，少群芳类。

《植物名实图考》较高的科学价值，体现在以下四个方面。

第一，容量大。《图考》所收植物比《本草纲目》增加519种，这无疑是对中国本草研究的又一发展。如八字草、黄药子、蛇含草等，都是吴氏发现药用而收录的。

第二，对植物的品种、形态、颜色、性味、用途、产地等，均有非常详细的记述。吴氏重视亲身调查和访问，甚至试种移植以便观察。所载植物仅产自江西、湖南和云南三省者就逾千种，这与他多年在上述省份为官，更便于实地察访大有关系。这就更增加了该书的可靠性。

第三，所附植物图描绘之精细、准确，超过前人。每种植物，必附一图，且多于植物新鲜之时描绘而成，许多植物图还包括根、茎、叶、花全貌。

第四，澄清了前人的许多误解。吴其濬经过认真研究和考证，发现了包括李时珍在内的前人在本草学上的误解和错误，并在书中予以指正。如冬葵，即为冬寒菜，湘人长期种植食用，但李时珍却认为它仅在古时为人食用，"今人不复食之"，归入隰草类。吴氏复列在蔬菜类

冬葵

冬葵幼苗或嫩茎叶可供食用，营养丰富。冬葵性味甘寒，具有清热、舒水、滑肠的功效。全株可入药，有利尿、催乳、润肠、通便的功效。

中。再有，《天工开物》称穬麦即青稞、大麦，独产陕西，吴氏纠谬

黄芪

黄芪有增强机体免疫功能，有抗衰老、抗应激、降压和较广泛的抗菌作用。由于长期大量采挖，数量急剧减少，为此确定该植物为渐危种，国家三级保护植物。

称："青稞与穬麦迥异，然皆不需碾打而壳自落。"对《山西通志》"党参今无产者"一说，吴氏辨误称："余饬入于深山掘得，莳之盆盎，亦易繁衍，细察其状，颇似初生苜蓿，而气味则近黄芪。"类似纠谬辨误之例，书中还有许多。

《植物名实图考》在国际上也有一定影响。它曾传至日本等国。近代德国植物学家毕施奈德在所著《中国植物学文献评论》（1870年出版）称《图考》一书附图"刻绘尤精审"。

我国现代植物分类学家在植物中文命名时仍要参考《图考》一书。

当然，《植物名实图考》在科学性上尚有一些问题。某些议论也嫌空泛、陈腐。

（3）其他本草著作

清代有一些本草著作着重从《神农本草经》研究考订入手，主要有：张璐（1617—1699）撰《本经逢源》4卷，收药700余种；黄宫绣撰《本草求真》10卷；徐大椿（1693—1771）撰《神农本草经百种录》1卷；邹澍（1790—1844）撰《本经疏证》12卷；张志聪（约1619—1674）撰《本草崇源》3卷；陈念祖（1753—1823）撰《本草经读》4卷；等等。

清代还有一类本草著作，基本上是围绕《本草纲目》和《本草经疏》等书，追求简要实用，精选疗效显著药物。主要有：王翃著《握灵本草》10卷，《补遗》1卷；汪昂（1615—约1695）著《本草备要》4

卷，附《汤头歌诀》1卷；吴仪洛著《本草从新》6卷；沈金鳌（1717—1776）著《要药分剂》10卷；等等。其中以汪昂《本草备要》影响为大。

2. 医方、医案与医史

从隋唐开始，兴起广泛搜集医方的风气，至明代达到鼎盛阶段。晚明以降，搜编医方之方向有所变化，人们更重视选录有影响的良医之方，并探寻制方的缘由。清代这方面的书主要有：汪昂的《医方集解》21卷，附《急救良方》1卷和《勿药元诠》1卷；罗美的《古今名医方论》4卷；王子接的《绛雪园古方选注》3卷；吴仪洛的《成方切用》26卷；等等。

医案方面，整理医家本人临床经验的书，有华岫云（？—1753）整理的叶天士《临床指南医案》10卷、《吴鞠通医案》5卷等。还有的医案，是对文献进行整理的结果，较著名的有魏之琇（1722—1772）的《续名医类案》60卷和俞震的《古今医案按》10卷。

《续名医类案》约成书于乾隆三十四年（1769）。先此前明代江瓘撰《名医类按》12卷，起扁鹊，迄元、明医家临床治验，均予采撷，并附自己的批注评论，但该书不注引证出处，惜为不足。魏之琇遂撰是书。魏书对江瓘所遗漏的明之前医家治例，有所增补，但更多的还是搜集明以来的医例，于医籍及医籍之外的文集、说部、史传、地志等书中广为搜集。书中还附有魏氏评论之语。此书堪称医案撰述之最博之著。通行信述堂本36卷，分345门。

《古今医案按》成于乾隆四十三年（1778）。该书不追求容量博大，仅取治例107门，均为可资借鉴之例，并附精透论说。

以上魏、俞二书，各有所长，相得益彰，均属不废之作。

医史方面，著述无多，值得提及的是《古今图书集成》之"医部"

中，有《医术名流列传》14卷。取史传、方志、文集、杂记体例，内容庞博。时间起于上古，迄于明末，收录1364人。该列传也存在着少考订、多重复、甚至错讹等不足，但贵在集中医史资料和廓清医史线索。

3.《内经》《伤寒论》和《金匮要略》的研究

《内经》研究专著，在明之前本无多，又少有传世。明、清两代研究者较多。继明代张景岳、马莳等人之后，清代张志聪、黄元御等人对《内经》的研究也较有成就。

张志聪，字隐庵，杭州人，著有《素问集注》和《灵枢集注》。他的注疏、诠释动机在于担心《内经》失传，并纠正马莳注释《灵枢》时"专言针而昧理"的缺点，以免"后学之沿习"。他的同窗高世栻将马、张二人注释之书合编成马元台、张隐庵《素问、灵枢合纂》，便于学者比较、鉴别。黄元御（1705—1758），字坤载，号研农、玉楸，山东昌邑人。本系诸生。早年眼疾，为庸医误损其目，乃发愤攻读医学。著述颇丰，达十余种。关于《内经》，著《素问悬解》13卷、《灵枢悬解》9卷和《素灵微蕴》4卷等。他提出许多独到见解，但也不乏偏颇。

高世栻撰有《素问直解》9卷。高士亿著《素问完璧直讲》9卷，突出了简捷明白的特点。此外，陆懋修（1818—1886）撰《内经运气病释》9卷、《内经运气表》1卷、《内经难字》1卷，发挥与偏见并存。

对解释《内经》的《难经》的研究也有发展。徐大椿著《难经经释》2卷。但他方法失当，以残缺和经编补的今本《内经》攻击本系完整的《难经》。丁锦撰《古本难经阐注》不分卷，自称得古本《难经》，乃对坊间通行本重新编次。

《伤寒论》原书不传，经王叔和整理后，条文上多有疑问。后世研究者较多，在明人王履、方有执等人研究基础之上，清人又把相关工作推向深入。

喻昌（1585—1664）字嘉言，江西新建人，明末曾应选贡。清人入关后，一度隐身于禅，后专攻医术，尤注重张仲景之书。顺治四年（1648）撰《尚论篇》4卷和《尚论后篇》4卷。喻昌将《伤寒论》重加修订，以冬伤于寒，春伤于温，夏秋伤于暑为主病大纲。四序中，以冬日伤寒为大纲，伤寒六经独立成篇，在三阳经末附和病、并病、坏病、痰病四类；在三阴经末附过经不解、差后劳复、病阴阳易三类。每节经文前提示大意。喻书流传较广。

徐大椿又名大业，字灵胎，号洄溪，江苏吴江人。爱好广泛，尤笃医学，甚至决意弃功名。历代医书，无不精心披阅。见解精深，声名远播。一生著述甚丰，尤重注经。乾隆二十四年（1759）著《伤寒类方》1卷。他删去阴阳六经门目，使方以类从，证随方见。人们可按症求方，无须循经求证。他此举的根据在于：《伤寒论》为救误而作，不是依经立方。亦属别有见地之作。

柯琴著《伤寒来苏集》8卷，不赞许喻昌更改《伤寒论》的编次，也同意王叔和整理已非原书之旧的说法。故读张仲景之书，应"慧眼静观，逐条细勘，逐句研审"，细分仲景与叔和之区别。《伤寒来苏集》中"伤寒论注"部分依六经立篇名，并重新编次；"伤寒论翼"部分提出"伤寒杂病治无二理"，"六经各有伤寒，非伤寒中独有六经"。

张璐著《伤寒缵绪》4卷。其长子张登著《伤寒舌鉴》1卷，专论伤寒观舌之法，发展了前人有关研究。张璐次子张倬著《伤寒兼证析义》1卷，专涉伤寒夹杂病，亦有创见。此外，汪琥著《伤寒论辩证广注》14卷，广采古今伤寒论书。陈念祖著《伤寒论浅注》6卷，简明扼要，对初学者的参考意义更为明显。尤怡（？—1749）著《伤寒贯珠集》8卷，专注学术，少有论战笔调。

对《金匮要略》的研究，清代也不乏其人。

周扬俊著《金匮至函经二注》。元代赵良仁曾撰《金匮衍义》，惜无刊本。周扬俊根据藏本为赵书补注，遂有是书，且影响日播，而赵书反而鲜为人知。

尤怡著《金匮心典》3卷，计22篇。书中对前人有关注释和自身行医实践进行解释和发挥。尤氏还著有《金匮翼》8卷。

徐彬著有《金匮要略论注》24卷；黄元御著《金匮悬解》22卷，认为《金匮》治内伤杂病，扶阳气成运化之本，与流行的滋阴论唱了反调；沈明宗著《金匮要略编注》24卷；程林著《金匮要略直解》；张志聪著《金匮要略注》；等等。

4. 温病学说

明清两代，瘟疫流行。雍正十年（1732），昆山大疫，死者数万人。但明代以前，对治疗传染性和非传染性热性疾病，认识水平还停留在《伤寒论》的范围。明代王履首次指出温病与伤寒不同。明末吴又可提出"戾气"致病新学说，为温病学说的形成奠定了基础。至清代，温病学说发展较大。清代中叶已成为独立学说，与伤寒学说并列为医治外感的中医两大学说，而叶桂、吴瑭、王士雄三人对温病学说的形成和发展贡献尤为突出。

叶桂（1667—1764），字天士，号香岩，江苏吴县（今苏州吴中区）人。一般认为叶桂是温病学派的创始人。出生于医生世家。幼时儒书、医学兼学，14岁后专志习医。他聪颖勤奋，更兼先后拜从名师十余人，故医术超群。特别是他能比较准确地治疗温热病，更使他声名鹊起，全国闻名。平生著述很少，所著《温热论》1卷和《临证指南医案》10卷，系其弟子辑录、整理而成。关于温热病因，他提出"温邪上受，首先犯肺，逆传心包"，即后人称谓的十二字提纲。既如此，治疗自然就应有别于伤寒："肺主气属卫，心主血属营。辨营卫气血虽与伤寒同，若论治法则与伤寒大异也。"具体治疗上，在卫可以发汗，在气可以清气，入营则需透热，入血则应凉血、散血，用生地、丹皮、犀角、赤芍等药。

丹皮
丹皮即牡丹皮，具有清热凉血、活血化瘀、退虚热等功效。

犀角
犀角即犀牛角，犀角由表皮角质形成，内无骨心。1993年，中国政府颁布禁令，禁止使用犀牛角。

赤芍
赤芍是著名野生地道中药材，有清热凉血，活血祛瘀的功效。

吴瑭（1758—1836）字鞠通，江苏淮阴人。少时也曾欲取科举功名，后因父病，乃专志医学。初习吴又可《温疫论》，后钦信叶桂医法。经过潜心研读和广泛的医疗实践，他在治疗温热病方面收效甚著。嘉庆十八年（1813）著成《温病条辨》6卷，创温病三焦辨证，论风温、温热、瘟疫、温毒、冬温、暑温、伏温、湿温、寒温、温症、秋燥等证，提出各种诊治和用药之法。

王士雄（约1806—1866），字孟英，浙江海宁人，医生世家。先居杭州，后迁上海。一生著述很多，尤以《温热经纬》5卷最为著名（1852年刊行）。其书以"轩岐、仲景之文为经，叶（天士）薛（雪）诸家之辨为纬"。书论伏气、温热、湿温、疫病，总结叶天士、吴鞠通学说。这是一部温病学的总结性著作。

此外，清代长于温病者还有许多人。如江苏吴县人薛雪（1681—1770）诊疗多有创见，著有《湿热条辨》1卷；余霖，安徽桐城人，著《疫疹一得》1卷，辩证精详，用药也不乏独创。乾隆癸丑京师大疫，余氏以大剂量石膏治愈甚众。

5. 诊断学

关于望诊，喻昌著《医门法律》，蒋示吉著《望色启微》，李潆著《身经通考》等书，发挥《素问》《灵枢》，阐释病健关系。林之翰著《四诊抉微》8卷，对于望诊有79论，最崇望诊："望为四诊最上乘功夫，果能抉其精髓，亦不难通乎神明。"叶桂、薛雪、徐大椿诸人，于伤寒、温病的辨舌研究，亦有发展。

关于闻诊，《医门法律》《身经通考》《四诊抉微》以及吴谦与刘裕铎等人奉敕撰著的《医宗金鉴》90卷等，均有阐释。喻昌的《辨息论》，林之翰的《诊息》口诀，均属辨息闻诊的实践总结。

关于问诊，喻昌著《问病论》《与门人定议病方》，问证12项。李溁问证 14 项，于病因略多。陈念祖采多家之长，撰《问症诗》。

关于脉诊，张璐撰《诊宗三昧》，共收 32 种脉名，多李时珍《濒湖脉学》五脉，也较之前医家脉书所列脉种为多。此书论述了色脉，脉象与经络关系等问题。此外，周学海（1856—1906）撰《脉学四种》，李延昰（1628—1697）撰《脉诀汇辨》10 卷，沈金鳌撰《脉象统类》1 卷，等等。

6. 专科医术

医学分科，清代基本承袭明代制度，但也稍有变化。先是把按摩并入小方脉，省却祝由，故改明代 13 科为 11 科。后又将豆疹并入小方脉，把口齿、咽喉合并一科，13 科为 9 科。

（1）外科及伤科方面

祁坤在顺治、康熙年间为御医，著《外科大成》4 卷（1665），汇古代方论为一书，分 32 部，下分子目，议论精当，理法详要。王维德承曾祖外科医术，汇 40 年行医经验，著《外科全生集》5 卷。禁用升降二丹，不轻言刀针器械。书中所记犀黄丸、阳和汤，久为外科所重良药。

陈士铎著《洞天奥旨》16 卷，顾澄著《疡病大全》40 卷。二书包涵广博，犹如外科通论。高秉钧（1755—1827）著《疡科心得集》3 卷，内中同病异治，异病同治之论有助于辨识外科病证。晚清吴尚先（1806—1886）著《理瀹骈文》（原名《外治医说》），涉及外科病治疗甚多。他批评服药万能，倡导外治之法，尤重膏药。在江苏泰州、扬州，以外治之法救活甚多患者，被视为外治之宗。

《医宗金鉴·正骨心法》，吸收古今正骨先进经验，论述也较公允、实际。钱秀昌著《伤科补要》4 卷，人体名位骨度，图文并解。胡廷光著《伤科汇纂》12 卷，讨论正骨手法和伤科器械。赵兰亭著《伤科秘旨》，重点讨论以 34 穴分别治疗轻重程度不同的损伤。张振鉴著《厘正按摩要术》4 卷，为实用型推拿专书。

（2）妇产科方面

傅山（1601—1684）著《女科》2 卷和《产后编》2 卷。书记妇产疾病及治疗方法甚为详备，流传较广。肖壎（1660—？）著《女科经论》8 卷（1684），总结古代经验，并附自己见解。沈金鳌著《妇科玉尺》6 卷，"摘录前人之语之方，皆至精至粹，医用百效者"。署名亟斋居士的《达生编》，以问答形式专述产科疾病与注意之事，流传亦较广。

（3）儿科方面

明代隆庆年间发明了人痘接种法，而自明末叶到清代中叶，人痘接种法已相当普遍地使用。从康熙三十四年（1695）刊行张璐所著《医通》即可看出这点了。《医通》记载称种痘法"始于江右，达于燕齐，近者遍行南北"。该书还记载了多种种痘方法：痘衣法、痘浆法、旱苗法等。痘衣法，即把患者的内衣穿给接种人，后者虽受感染，但发病轻微。痘浆法，是将患者痘浆给接种人塞入鼻孔，使其受感染。旱苗法，是将患者疮痂研为细末吹入接种人鼻孔，口出痘亦较轻。种痘法是一种以毒攻毒的预防法。由于其法比较安全可靠，在世界处于领先地位，很快就传到国外。先是在康熙二十七年（1688），俄国派人到中国学习种痘之术。旋由俄国传至土耳其。康熙五十六年（1717），英国驻土耳其大使的夫人在当地学得种痘法，很快该法即在英国、欧洲和英占殖民地印度传播开来。乾隆年间种痘法由我国直接传到日本。种痘法是人工免疫法的先驱，是人类医学史上不朽的一页。

英人学会中国的人痘接种术之后，琴纳医生继续进行研究，嘉庆元年（1796）发明牛痘接种法，比人痘接种更为安全。嘉庆十年（1805）此法又传回种痘法的故乡中国。

此外，夏鼎著《幼科铁镜》6卷，汇集了儿科用药和诊断的经验。陈复正著《幼幼集成》6卷，论述全面，且有个人独到见解。叶桂、吴瑭等人，把温热派的治疗法用于儿科，对儿科方剂是一丰富和发展。

（4）五官科方面

清代急性传染病流行，医界有关著述也较明代增多。郑瀚（字梅涧）于乾隆年间著有《重楼玉钥》2卷，其子郑瀚予以增补充实，并于道光十八年（1838）刊行。上卷总论咽喉诸病及喉风用药之法，下卷专论"喉风针诀"。郑氏之作所附"养阴清肺汤"，为治喉病不废之方。陈耕道著《疫痧草》一卷（1801），详细分析论述了疫喉痧治疗之法，创治该病完备治疗之先河。金德鉴撰有《焦氏喉科枕秘》2卷和《烂喉丹痧辑要》1卷；包三鑨撰《包氏喉症家宝》一卷；张善吾撰《白喉捷要》1卷；陈葆善撰《白喉条辨》；李纶青撰《白喉全生集》1卷；夏云撰《疫喉浅论》等等。

（5）针灸方面

清代继承了明代及明之前针灸成就，并有所发展。《医宗金鉴·刺灸心法要诀》、李学川所著《针灸逢源》、李守先（1736—？）所著《针灸易学》等，足堪说明。但总体上讲，清代针灸发展落后于其他医科，而这又与最高统治者不遗余力地维护封建专制统治分不开。针灸是一种治疗手段，施于皇帝与施于百姓，本无差别。但道光皇帝却把给皇帝针灸看成是对君主的失敬，于登基的第二年（1822）即颁谕："以针刺火灸，究非奉君之所宜，太医院针灸一科，着永远停止。"把医学手段当成政治问题，以君主至高无上权威，不惜废弃行之有效的医术。虽然民间针灸依然如故，但太医院奉诏停止，不能不使针灸的发展受到影响。

7. 解剖学

提起清代的解剖学，最应论及的当为王清任及其著作《医林改错》。

王清任

王清任是清代的一位注重实践的医学家，在活血化瘀治疗方面有独特贡献。

王清任（1768—1831），字勋臣，河北玉田县人。少年尚武，曾为武庠生。后开始学医、行医，游历过滦州、奉天等地。在北京开设"知一堂"药铺，闻名遐迩。在他逝世的前一年，根据多年的观察、访问和研究，写出中国古代解剖学的前无古人之作——《医林改错》2 卷。

王清任在学医、行医过程中，通过对古代医书的研读，发现内中有关人体结构和脏腑功能的记载多有牴牾和错讹。他认为："治病不明脏腑，何异于盲子夜行！"要想真正当好一个医生，解除患者疾苦，不明脏器结构是不可能的。他认为，古人之所以出现"错论脏腑"的错误，"皆由未尝亲见"所致。

王清任为了弄清人体脏腑结构，费了 42 年时间来进行观察、访问和研究。封建社会囿于礼法，解剖尸体被视为大逆不道。王清任只能寻找机会实地观验。嘉庆二年（1797），王清任游历滦州稻地镇时，适逢当地儿童因患痢疾、麻疹而大批死亡。义冢中被野狗扒出尸体甚多，脏腑也都暴露在外。王清任不失时机，连续 10 天，对尸体内脏进行观察，结果发现许多古代医书的记载错误。为了进一步丰富脏腑知识，他还利用在奉天行医机会，到刑场观察死刑犯人的尸体。他为搞清人体胸膜之间的位置，几次到刑场观察而未能如愿。直到道光九年（1829），他在北京访问了一位曾带兵打仗的官员，方才弄清楚。他还以动物做实验，进行参考验证。正是在上述艰辛努力的基础上，他写出了附有 25 幅人体脏腑图的《医林改错》。

《医林改错》在许多方面的认识都大大超过前人。首先，指出横膈膜是人体内脏上下分界线，其上唯有心与肺，其他器官均在其下。其次，对肺气管、支气管和肺组织等描述更为准确和细致，所谓肺有"六叶二耳"和肺有 24 孔的传统认识被纠正。其三，对胃的形状、内部构造，以及胃与其他器官相互关系，有了更为准确的认识，并发现了胃脏的幽门括约肌（王清任叫"遮食"）和输胆管（"津管"）。其四，对心血管系统的认识有突破性提高，他找到了主动脉（"卫总管"）、颈动脉（"左右气门"）、肠系动脉（"气府"）、肱动脉、肾动脉、股动脉等。认识到主动脉和主静脉同等长度，对动、静脉形状和在人体内的分布也有较正确的认识。其五，对大脑作用的认识又有提高。他不同意传统医书视心脏为思维器官，明确指出"灵机、记性不在心，在脑"，人的面部器官的功能发挥，都依赖于大脑的支配。目昏、耳聋、鼻塞等状，皆起因于大脑出了毛病。

百多年来，《医林改错》在国内广为流传，一些西方人士还将其节译成外文。王清任有力地推动了中国医学的发展，《医林改错》堪称中国古代解剖学的不朽里程碑。

当然，王清任的认识也受到时代的局限，《医林改错》中也有一些失实的记述，如心内无血、动脉藏气之说便是。但瑕不掩瑜，《医林改错》在医学宝库中，至今仍放射出熠熠光芒。

8. 少数民族医学

藏族医学源远流长。公元 8 世纪后半期《四部医典》的问世，奠定了藏族医学的理论基础。其后，藏族医学进一步发展，并形成南北学派。康熙二十六年（1687），在德西·桑吉加措（1653—1705）主持下，编成并刊行了全面整理和注释《四部医典》中的医书《四部医典蓝琉璃》（藏文名称《居悉本温》）。康熙四十三年（1704），又根据《四部医典》所述及药物标本，重新绘出医药挂图 79 幅。嘉庆二十五年（1840），帝马·丹增彭措著成集藏医本草学大成之作《晶珠本草》（藏文名称《协称》），全书收药物 2294 种，把重复和加工药物排除不计，尚有 1400 余种，将藏医本草研究推入新水平。

蒙古族医学在 18 世纪前后，问世不少医学著作，有《蒙药正典》《蒙药本草从新》《普济杂方》《珊瑚验方》等等。蒙古族医学基本理论虽与藏族医学基本相同，但本民族游牧生活又使伤科水平较高，经验丰富，涌现不少正骨良医。

（二）西方医学的传入及发展

1. 鸦片战争前的有限传入

清初顺治、康熙年间，欧洲在华传教士活动相对活跃，一定程度上也促进了西洋医学在中国的传播。康熙皇帝曾患疟疾、唇瘤、心悸等症，接受传教士西医治疗，均为治愈。康熙年间，传教士石铎琭（Petrus Pinuela）撰《本草补》1 卷，是为介绍西药来华的最早著作。法国传教士巴多明（Dominicus Parrenin）把人体解剖学译成满文，向康熙讲授。清初传教士传播西洋医学的活动，基本上是在宫廷中进行的，无疑限制了在民间的影响。但某些药物还是通过不同渠道传至民间。康熙患疟，为传教士以药物金鸡纳治愈，康熙称奇，并以之作为圣药赏赐臣下，促进了该药的传播。赵学敏《本草纲目拾遗》收录此药，并记曰："不论何症……一服即愈。"赵学敏书还记载许多舶来西药，这些西药显然与传教士不无关系。

19 世纪下半期，英国率先进行工业革命，世界资本主义经济发展突飞猛进。外国对中国经济侵略更具迫切性。它们派使团来华，提侵略要求；它们派军舰，在沿海挑衅；它们更进行鸦片走私，以平衡对华贸易逆差。宗教和医学成为外国打开中国大门的另一种武器。在广州、澳门等地，外国人行医活动更为活跃，其中不少人都兼有宗教渗透、宣传的使命。客观上，外国医生及其活动有助于西洋西学的传播。

嘉庆十年（1805），英国东印度公司的皮尔逊（Alexander Pearson）到广州行医，专事种痘，写成《种痘奇方详悉》一书，被译成汉文。嘉庆十二年（1807），英国教士医生马礼逊（Robert Morrison）来华，并于嘉庆二十五年（1820）与东印度公司外科医生立温斯敦（T. Livingstone）在澳门建立一个诊所。道光七年（1827），东印度公司哥利支（L. R. Colledge）在澳门设立眼科诊所，并于第二年在广州设医药局。道光十四年（1834）美国传教医生伯驾（Peter Parker）抵达广州，次年在广州开办眼科医局，因设于新豆栏街上，故当时又称新豆栏医局。开诊后六周之内约有450人来局就诊。道光十八年（1838），哥利支与伯驾等人在广州组织成立"中华医药传教会"，该会宣言称设此组织"好处"，在于促进贸易、"输入科学和宗教""搜集情报"等。伯驾还在道光十九年（1839）为在广州查禁鸦片的钦差大臣林则徐间接治疗过疝气病，并收到了一定效果。林则徐还曾询问和了解过眼科医局情况。

2. 鸦片战争后西方医学的传播

鸦片战争标志着中国半殖民地半封建社会的开始。资本帝国主义打开中国大门的阴谋已经得逞，但它们并不以此为满足，它们要扩大侵华，乃至变中国为完全殖民地。它们深知中国人民难以征服，于是在军事侵略、经济掠夺的同时，更加重视宗教的作用。它们要用宗教来麻痹中国人民的斗志，也要利用教会兴办慈善事业，用以掩盖侵略行径，并培植亲外势力。外国在华兴办医疗事业，许多都是在这一背景下出现和发展的。

首先，外国在中国设立了众多的、规模不等的诊所或医院。由基督教医药传教会所属的医院及诊所在光绪二十六年（1900）之前共计40余所，分布于两广、江浙等地，最有名的当推广州博济医院。由基督教各差会所开办的医院属于英国系统较著名的计为：道光二十四年（1844）开设的上海仁济医院；同治六年（1867）汕头开设的福音医院；光绪五年（1879）宜昌开设的普济医院；光绪六年（1880）杭州开设的广济医院；光绪七年（1881）天津开设的马大夫医院；光绪十三年（1887）福州开设的柴井医院、福建南台岛开设的塔亭医院；光绪十四年（1888）汉口开设的普爱医院。此外，尚有汉口的仁济医院、北海的北海医院、成都的成都男医院、武昌的仁济医院等。共约20余所。

光绪二十六年（1900）之前属于美国系统的教会医院主要有：同治六年（1867）上海开设的同仁医院；光绪七年（1881）汕头开设的盖世医院；光绪九年（1883）苏州开设的博习医院；光绪十二年（1886）通州开设的通州医院；光绪十一年（1885）上海开设的西门妇孺医院；光绪十八年（1892）保定开设的戴德生纪念医院、南京开设的鼓楼医院及九江开设的生命活水医院；光绪二十二年（1896）广州开设的夏葛妇孺医院；光绪二十五年（1899）广州开设的柔济医院等，共约30余所。

光绪二十六年前，属于法国天主教系统的医院，最早的为道光二十五年（1845）天津设立的法国医院。后来陆续建立的有九江开设的法国医院、南昌开设的法国医院、青岛开设的天主堂养育院。此外，尚有几十个小诊所。20世纪头10年，教会除了扩大原有医院、诊所的规模外，还在各地增设一批医院和诊所，仅法国天主教系统开设的较著名气的医院就有：昆明的法国医院、重庆的仁爱堂医院、广州的韬美医院、青岛的法国医院和上海的广慈医院等。

其次，兴办医学院校。外国人向中国人传授西医学，最初采取带徒弟的方式，道光十五年（1835）伯驾在广州开设博济医院，即以此类方式训练中国生徒。后渐实行正规学校培养方式。同治五年（1866）博济医院附设南华医学校。初只招男生，十三年后始接收女生入学。光绪三十年（1904）该校扩建改称华南医学院。19世纪末至20世纪初，教会医校已渐具规模，较有名的有：圣约翰大学医学部、广济医学专门学校、夏葛医学校、大同医学校、同济大学医科、金陵大学医科、协和医学校、华西协合大学医科、协和女子医学校、齐鲁医学校、赫盖脱女子医学专门学校等。

其三，翻译和编著西医书籍。英人合信于道光三十年（1850）在广州编译出版《全体新论》，是为解剖、生理学专著，是传教士向中国介绍第一本系统的西学著作。美国的嘉约翰自咸丰四年（1854）到广州博济医院，至光绪二十七年（1901）去世，46年中间共翻译34部西医西药书籍，其中包括《化学初阶》《西药略释》《裹扎新法》《皮肤新编》《内科阐微》《花柳指迷》《眼科摘要》《割证全书》《炎症论略》《内科全书》等，英人合信、傅兰雅、德贞，美人洪士提反等，也译有许多西医书籍。总计约有百余种外国人译著书籍在中国流行。

其四，编辑西医刊物。同治七年（1868）嘉约翰医生在广州编印《广州新报》，每周一期，是为外国人最早用汉文向中国人介绍西医知识的刊物。是刊光绪十年（1884）改为月刊，并改刊名为《西医新报》。同治十一年（1872）北京教会医院京都施医院编辑发行《中西见闻录》，也介绍过一些西医知识。该报后迁至上海，更名《格致汇编》。光绪十四年（1888）中华博医会在上海出版《博医会报》，专门介绍西医、西药。

其五，吸收留学生。近代中国人最早赴外国学习医学的当属黄宽（1828—1879）。他于道光二十六年（1846）随美国教师布朗到美国，先在高中学习，毕业后赴苏格兰，考入爱丁堡大学医科，学制7年。后来，教会系统学校又相继派出一些中国学生到外国学医，尤梅庆、金韵梅、石美玉等人便在其中。

外国资本主义上述活动，客观上有助于西医在中国的传播。特别应当指出，来华工作的外国医学工作者中，有些人并无侵略目的，甚至同情中国人民，他们的工作成绩更应肯定。广东人邱熺，曾任皮尔逊助手，掌握接种牛痘方法，为万余中国同胞接种豆痘。黄宽学成回国，在博济医院工作，是我国第一代西医，还参与了该院培养中国学生的教学工作。晚清中国大部分西医人才都出自教会医学院校，嘉约翰在博济医院诊治门诊病人74万人次，住院病人4万人次。他为近5万人做过外科手术，培训出150名西医人才。鸦片战争后西洋医学的传播，除了经由上述之途径外，还有一个更重要的方面，那就是中国人为迎赶世界潮流而主动采取的多种行动。

林则徐在鸦片战争期间开风气之先，主动了解西方。魏源在战后提出"师夷长技以制夷"。虽未具体涉及西洋医学，但总体上已论述了学习西方的重要性。咸丰九年（1859），洪仁玕在《资政新篇》中具体提出了进行医疗卫生方面的改革，如"兴医院""兴跛盲聋哑院"等。郑观应19世纪70年代撰《易言》，其中有"论医道"篇，推崇西医求实之优。在甲午战争后的维新思潮中，梁启超、严复、康广仁等人，都发出了医学维新的呼吁。

洋务运动开中国主动引进西洋医学之先河。同治元年（1862）北京设立专门培养外语翻译人才的同文馆，三年后续增医学课程，如化学、解剖、生理等。洋务派搞起的幼童赴美留学始自同治十一年（1872），虽因守旧派阻挠而在光绪七年（1881）中止学业，惨然归国，但其中也有若干人归来后从事医生工作。光绪十四年（1888），清廷旨准李鸿章设立天津总医院。次年，这所中国自己创办的近代医疗卫生机构正式成立。该院分西医学堂、施医院、储药处三部分，集培养人才与治病功能于一身。学堂学生学成派赴海军各舰当医官。

戊戌维新运动中，光绪皇帝颁旨设立医学堂，"考求中西医理"。晚清"新政"，包括医学校在内的新式学校又有较大发展，也建立了一些医院。清廷还鼓励出国留学，一些留学生如著名的鲁迅，就曾选读过医学。

国人还创办了一些医学刊物及医学讲习和研究组织。光绪三十一年至宣统二年（1905—1910），各地主要医学刊物有：周雪樵（？—1910）在上海办《医学报》；汪惕予在上海办《医学世界》；梁慎予在广州办《医学卫生报》；裘吉生（1873—1947）、何廉臣（1861—1929）在绍

镇江
镇江是中国江苏省所辖地级市，中华民国时期为江苏省省会。镇江是全国闻名的江南鱼米之乡。

兴办《绍兴医学报》；丁福保（1874—1952）在上海办《中西医学报》；顾宾秋在上海办《上海医报》；蔡小香（1862—1912）在上海办《医学杂志》；叶菁华在广州办《光华医事卫生杂志》；袁桂生在镇江办《医学扶轮报》等。同期医学讲习、研究组织在上海、杭州、扬州、镇江等城市均已出现，如上海有丁福保主办的函授新医讲习班，镇江有李晴生主办的自新医学堂等。国人自译外国医书较著名者当首推丁福保。他认为改良医学若假道日本，比欧美更为有利，故译出日本医书几十种，包括《医界之铁椎》《中西医学汇通》《中外医通》《新本草纲目》等，编为《丁氏医学丛书》。鸦片战争后，面对西洋医学传入，一些人固执偏见，反对输入；还有一些人采取民族虚无主义，贬斥中医。由于中医自身的某些局限，再加上当时国势衰微，学西学变法维新成为大的趋势，故而传统中医学受歧视，遭冷遇，被排挤，陷入停滞不前的境地。有识之士如唐宗海、丁福保、张锡纯、张寿颐等人，认识到中西医各有所长，不可偏废，力主中西医学汇通，共求发展。唯受时代局限，成效甚微。

（一）近代西方物理学的传入

洋务运动办企业、办学堂，均需要物理学书籍，故京师同文馆和江南制造局翻译馆都组织人力进行西方物理学专著的翻译。国内的一些出版社及出国留学生，也都进行了物理学著作和教材的翻译、编写。在华的传教士等外国人也从事了有关工作。

李善兰与英国人艾·约瑟（Joseph Edkin，1823—1905）合译的《重学》，是晚清翻译物理学书中最早且较重要的一本。原著为英国人W.胡威立（W. Hewell）的《初等力学》。译著20卷，上海墨海书馆咸丰九年（1859）出版。同治五年（1866）译著又由金陵书局再版。这部书较系统地介绍了经典力学知识，是中国近代科学史上首部包括运动学、动力学、刚体力学和流体力学在内的力学译著。书中的牛顿运动三定律，以动量概念讨论物体碰撞及功能原理等内容，均为第一次在中国介绍，确为当时影响最大的物理书籍。书中的一些沿用至今的译名，如分力、合力、质点、刚体等，均为译者首创。

《声学》《电学》两译著由徐建寅和傅兰雅合译，分别出版于同治十三年（1874）和十八年（1879）。《声学》2册8卷，介绍了许多物理概念、基本原理及实验内容。该书原著者是英国著名物理学家J.丁铎尔（Tyndall）。《电学》8册10卷，细述了19世纪60年代之前的电学知识，包括静电学、静磁学、生物电、化学电、热效应、磁效应、电磁感应、电热器、电报、电钟等原理与基础知识。两书的原本系较新版本（分别为同治八年和同治六年版，即1869年和1867年版）。两部译著在介绍西方声学、电学知识的译著中，堪称最早、最全面和最系统的。

京师同文馆也译出和编写了一些物理学书籍，有《格物入门》《格物测算》《电理测微》等。其中《格物测算》由总教习、美国传教士丁韪良（William Alexander parsons Martin，1827—1916）口授，副教习席淦等人笔述。这些书中，有关部分已用微积分来叙述落体运动、求物体重心等力学问题。江南制造局共译格致三种9卷、电学四种17卷、声学一部8卷和光学一部2卷。

在日本留学生所掀起的翻译活动中，也有一些日本人著的近代物理学著作被译成汉文。教科书译辑社曾译出《物理易解》，是为该译书组织的第一部出版物。范迪吉等译的《普通百科全书》100册中，有一部物理学书，名为《物理学问答》。

傅兰雅于光绪五年（1879）担任了基督教新教在华传教士组织的学校教科书委员会——益智书会的总编（他声明不编宗教书）。他自编《格致须知》27种科学入门书，编译了《格物图说》10种。傅兰雅在传播西方物理学知识方面如同他在传播数学、化学、机械、医学、农学、矿冶等知识方面一样，确实做出了重要贡献。

光绪二十九年（1903）中国学校使用的物理学教科书基本上是翻译过来的，主要有：傅兰雅所著《重》《力》《电》《声》《光》《气》《水》《热》等8种；樊炳清翻译的《小物理学》；陈榥翻译的《物理学》；京师大学堂译书局翻译的《力学》1卷，以及《动静力学》《气水学》《热学》《光学》《电学》各1卷。

除了译书，一些杂志也起到了传播近代西方物理学的渠道作用。《格致汇编》专载西方科技新知、国人发明创造等内容。《亚泉杂志》也登过物理方面文章4篇。杜亚泉创办并主编的《普通学报》，也刊载物理学文章。晚清自洋务运动开始的新式教育，也把物理学作为重要课程来设置。京师同文馆五年制之第三年开设重学测算课，八年制之第五年

○ 北洋大学堂

北洋大学堂是中国近代第一批大学之一，为今天津大学、河北工业大学校的前身，校园旧址在今河北工业大学校园内。

开格物课，福州船政学堂、北洋大学堂、湖北的实业学堂、师范学堂及普通教育，无不开设物理课。全国各地在清末新政中开办的各类新式学堂，均开设物理课，有的专开物理课，有的开理化课。

梅贻琦
梅贻琦历任清华学校教员、物理系教授、教务长等职。他与叶企孙、潘光旦、陈寅恪一起被列为清华百年历史上四大哲人。

中国人赴外国留学，少有专攻物理学的。福州船政学堂于光绪三年至十一年（1877—1885）派出的 38 名赴欧留学生中，大部分学制造、驾驶，仅有 4 人学习的专业与之不同，为气学、化学、格致（1 人），兵船、算学、格物学（1 人），算学、化学、格物学（2 人）。日本早稻田大学清国留学生部本科师范教育中设有物理化学专业。专攻物理学的留学生是宣统元年（1909）到美国学习的胡刚夏（1896—1966）和梅贻琦等人。那些非专攻物理学的留学生，一般也会受到物理学的教育，如日本振武学校（培养陆军士官）有一年三个月的学制，尚开物理课 71 节。

教会学校也开设物理课。中西书院第四年、第八年分别开格致和重学课。登州文会馆正斋第三年、第四年和第五年分别有格物课，声、光、电课，物理测算课。圣约翰大学在光绪三十二年（1906）设置文、理、医、神四个学院。

（二）物理学家的成就

无论是清代前期和中期，还是鸦片战争后西方近代物理学传入时期，中国都出现了一些有成就的物理学家。

明清之际的孙云球（约 17 世纪上半叶），是多有创造的光学仪器发

明家。他独立地制作了望远镜和眼镜，以制作眼镜
为生。他是我国民间最早独立制作望远镜的人。他
还制作了存目镜（放大镜）、察微镜（显微镜）、
多面镜、夜明镜、万花镜、幻容镜等70种光
学仪器。他写成《镜史》一书，总结了他的制
镜技术，很受欢迎，"市场依法制造，各处行
之"。可惜现在已见不到此书。

黄履庄（1656—？），江苏人，仪器及
机械发明家。他动手设计并制造了很多仪器
和机械。其中重要的有验冷热器、验燥湿
器、瑞光镜（探照灯）、望远镜、显微镜及
多级螺旋水车等。这些仪器在量温测湿、预
报天气、发展农田灌溉等方面，均有一定
作用。

显微镜

显微镜是由一个透镜或几个透
镜组合成构成的一种光学仪器，
是人类进入原子时代的标志。
主要用于放大微小物体。

邹伯奇（1819—1869），字一鄂，广东南海人，对几何光学和照相术
有深入研究。曾两次有人推荐他到京师
同文馆工作，均为他婉拒。所著《格
术补》，为晚清几何光学的重要著作之
一。格术即几何光学，语出沈括《梦溪
笔谈》卷三："阳燧照物皆倒，中间有
碍故也。算家谓之格术。"他对前人几
何光学经验加以总结，在《墨经》和
《梦溪笔谈》两书有关几何光学论述的
基础上，采用数学方法深入探讨。他讨
论了透镜成像原理和成像公式。他把透

邹伯奇

中国近代科学先驱，自创地图绘制法，被
称为"中国照相机之父"。

镜的焦距称为日限，阐明物、镜距离；像、镜距离；以及焦距（日限）这三者之间有一定数量关系，用他的话就是："置日限尺寸自乘为实，以物距镜减日限为法除之，得影加远之数"；"或置日限尺寸为实，以物距镜乘之，物距镜减日限除之亦同"；"若先有影距镜数，与物距镜相乘，与物距镜相并为法除之，得此镜之日限。"透镜成像公式已在上述引文中表述出来。他还研究了透镜组焦距、折射望远镜、反射望远镜、放大镜及显微镜的结构与原理，研究了望远镜的出射光瞳、渐晕、视场及场镜，也从光学原理角度介绍了眼睛与视觉。

邹伯奇研究了摄影技术，曾制成一架简易照相机，这大概是中国最早的照相机。他写有《摄影之器记》的文章。他还曾撰文详述照相原理，内中关于制感光底片、拍摄、冲洗、晒板等程序均有说明。他本人也拍摄过照片，现藏于广州市博物馆的一张玻璃底片，即为邹氏本人像，距今已一百多年。他为中国摄影技术的先驱。

郑复光（1780—？），字元甫，号浣香，安徽歙县人。功名无成就，对科学技术甚偏爱，于物理学和仪器制造方面尤精。道光四十二年（1842）著成《弗隐与知录》一书，对世人惊骇不解、以灾祥相附会的现象200余例，用物性、热学、光学原理予以解释。他对几何光学有较深入的研究，并取得了不小的成就。他对几何光学的兴趣起于观察民间"取影灯戏"。他到南方、西北和北京游历，必观察、搜寻光学仪器，向手工艺人请教制法，还到北京观象台询问望远镜等仪器的使用等情况。道光四十六年，著成较系统而完整的几何光学著作《镜镜吟痴》，反映了当时中国光学水平。书计5卷，包括"明原""类镜""释圆""述作"四部分。各部分具体内容依次为：讨论光的直射、反射、折射及眼睛的光学功能；论述反射镜、折射镜，尤其方形透镜的性能；详述透镜与透镜组的成像原理，是时西方几何光学未传入，故属其创造，在中国是领先的；细述 17 种光学仪器的制作方法与技术，尤详于望远镜和放大镜等中国少见之仪器。

反射镜

反射镜是一种利用反射定律工作的光学元件。反射镜按形状可分为平面反射镜、球面反射镜和非球面反射镜 3 种。

九

化

学

（一）西方近代化学的传入

1. 西方近代化学的建立

炼丹术堪称化学的原始形式，源于中国，但在明代却走向没落。

西方也有过炼金术时期。但随着资本主义经济的发展，以瑞士医生帕拉切尔苏斯（1493—1541）为代表的学派，开始研究和制造药剂，炼金术开始受到冷落。于是西方化学发展过程越过炼金术时期而进入制药时期。英国化学家波义耳（1627—1691）于顺治十八年（1661）出版了《怀疑的化学家》，首次提出化学元素概念，有力地推动了化学的发展。17 世纪末期到 18 世纪 70 年代，燃素学说在西方化学发展史上成为一个理论体系，使化学进入燃素时期。乾隆四十二年（1777），对于中国也许是个平常的年份，但却是西方化学进入近代化学时期的起始时间。法国化学家拉瓦锡（1743—1794）在英国化学家普里斯特列（1733—1804）发现氧气的基础上，创立燃烧的氧气化学说，风行百年的燃素学说彻底失去了市场。嘉庆十三年（1808）对中国科技史来说也是再平淡不过了，但英国化学家道尔顿（1766—1844）却在这一年创立了近代原子论，西方化学理论有了新的、巨大突破。

明末清初，来华外国传教士自然谈不上传入近代化学知识，不过介绍了火药配方和"造强水"的方法。

2. 近代化学的传入

鸦片战争后，国门洞开，国人渴望了解外国，学习西方，"师夷长技"，而来华的外国人日益增多，客观上为国人提供了机会。

英国传教士合信（Benjumin Hobson，1816—1873），自道光十九年（1839）来华开诊行医，除医治疾病外，他还着手编著书籍，向中国人介绍科学知识。他最早编写的书是于咸丰五年（1855）在上海刊行的《博物新编》，一般认为该书首次向中国介绍了西方近代化学知识。

该书不是专门的化学书，也不是医学书，而堪称一部科学常识读物。全书三集，第二集为《天文略论》，介绍了哥白尼、牛顿学说，也提到道光二十六年（1846）发现的海王星；第三集是《鸟兽论略》，把不少新奇动物介绍给中国人。该书第一集分地气论、热论、水质论、光论及电气论数篇，在"地气论"

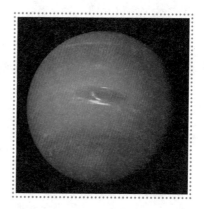

海王星

海王星是太阳系八大行星之一，也是已知太阳系中离太阳最远的大行星。海王星在1846年9月23日被发现，是唯一利用数学预测而非观测发现的行星。

篇里面，介绍了"养气"（或曰"生气"）、"轻气"（或曰"水母气"）、"淡气""炭气""磺强水""硝强水""盐强水"等，即分别为后来统一称谓的氧气、氢气、氮气、一氧化碳、硫酸、硝酸及盐酸等。书中还介绍了它们的性质和制造方法。在"水质论"篇中介绍了元素理论。该书称"天下之物，元质五十有六，万类皆由此而生"。"元质"即化学元素，当时已发现的化学元素共有 56 种。该书有力推动了科学技术知识在中国的传播，对近代中国科技的发展有着不可低估的作用，如著名化学家徐寿在成名之前就读过它，并深受启发。当然，是书毕竟不是系统的、有深度的科学专著，它还胜任不了向中国人全面、系统地传播西方近代化学理论的使命。

近代化学书籍的翻译工作，贡献最大者就是徐寿。除了徐寿外，还有一些中外学者做出了贡献。同治十年（1871）何了然与美国传教士医生嘉约翰（John Glasgow Karr，1824—1901）合译的《化学初阶》（即《化学原理》）在广州出版，是为化学专著。稍早一点问世的《格致八门》（同治七年，即 1868 年由北京同文馆出版）一书中也有一些近代化学知识。京师同文馆中的化学教习、法国人毕利于（M. A. Billeguin）译过两本化学课本，即《化学指南》和《化学阐原》，其中《化学阐原》系由副教习承霖助译，于光绪八年（1882）出版的。在译著中，毕利于等人面对着如何翻译元素译名的问题。他们以元素性质与来源创造新字，以图解决之，如把镁译成"鎂"等。由于有的新字特别复杂，后人以不便使用而改行其他方法。此外，江南制造局出版了汪振声翻译的《化学工艺》。总计江南制造局晚清出版包括徐寿、徐建寅等人所译化学类书籍 8 种 62 卷。

出国留学生在翻译化学书籍方面做出突出贡献。光绪二十九年（1903）会文学社出版的范迪吉等人翻译的《普通百科全书》100 册中，有多本是由日本人原著化学书翻译过来的。计有：《日用化学》《有机化学》《分析化学》《化学问答》《无机化学》等等。

光绪二十九年（1903），已译出并充作国内教科书的化学书籍，还有范震亚所译《化学探源》、樊炳清所译《理化示教》、孙筼信所译《化学导源》等。

洋务运动开其端的晚清教育改革，也为传播西方近代化学开辟了道路。

京师同文馆有两位教授化学的洋人教习，一为同治十年（1871）到馆的毕利干，另一为光绪十九年（1893）到馆的英人施德明。其他学堂也都开设化学课，光绪十七年（1891）武昌还成立了铁政局化学堂（5年后并入自强学堂）。福州船政学堂派出的三批留欧学生中，光绪三年（1877）派到英国的罗丰禄、光绪十一年（1885）派到法国的郑守箴和林振峰，学习专业均包括化学（罗的专业为"气学、化学、格致"，郑的专业和林的专业均为"算学、化学、格物学"）。清末新政中去外国留学的中国人，也有专学化学专业的，如东京工业学校应用化学科和东京工业学校电气化学科，均有中国学生报名入学。早稻田大学设有清国留学生部，内有本科师范教育，包括物理、化学专业。光绪三十一年（1905）、三十三年、三十四年，该留学生部分别入学762人、850人和394人。设有包括师范在内的多个学科教育的日本经纬学堂，自光绪三十年（1904）到宣统二年（1910），共毕业中国留学生1384人。在日本开设的速成学校，也开设化学课程。也有赴欧洲学习化学的。江苏江阴人曹承祖（1885—1966）于宣统二年（1910）留学英国曼彻斯特，师事染料合成大师珀金（Perkin）。丁绪贤（1885—1978，安徽阜阳人）在宣统元年入伦敦大学化学系学习。

（二）几位化学家

1. 近代化学先驱徐寿

随着西方近代化学的传入，随着以洋务运动为起点的中国近代资本主义经济的发展，一批较杰出的化学家涌现出来。

徐寿

徐寿不仅是中国近代化学的启蒙者，还引进和传播了国外先进的科学技术。

徐寿（1818—1884），字雪村，号生元，江苏无锡人，堪称晚清首屈一指的化学家。徐家世为无锡名门望族，惟至徐寿曾祖时衰落。乃至徐寿祖父时，种田经商，家道渐兴。徐寿5岁时，他27岁的父亲辞世，家境复衰。母亲终日操劳，竟至成疾，在他17岁时也故去了。徐寿发妻盛氏早逝，续娶韩氏。家境清贫，父母早亡，使徐寿极富吃苦、奋斗、上进精神，而父母正直的为人，也给他以很大的影响。他对自己的要求是："不二色，不诳语，接人以诚"；"毋谈无稽之言，毋谈不经之语，毋谈星命风水，毋谈巫觋纤纬。"显然，徐寿的高尚人格、吃苦精神及严肃的人生态度，奠定了他取得卓越成就的基础。

徐寿与同时代绝大多数人一样，也曾想博取功名，并参加过童生考试，未能如愿问鼎。乃决意彻底放弃科举道路，专攻有用实学，对自然科学产生了浓厚的兴趣，并与同乡华蘅芳经常交流切磋。咸丰七年（1857）二人同至上海，意欲在这块当时中国最开放的土地上寻求新知识。上海之行，收益颇大。他们认识了在墨海书馆工作的数学家李善兰，并请教了一些问题。徐寿读到了墨海书馆出版合信编著的《博物新编》。该书尽管属普及性的常识读物，但展现在徐寿面前的却是一个全新的世界，书中的化学知识更使他如醉如痴，很大程度上决定了他钻研化学的终生志向。他回到家乡后，即按照《博物新编》所载之法进行试验。"知三棱镜之分七色也，求之不可得，乃用水晶印章磨成三角以验之；知枪弹之行抛物线，而徐寿疑其仰攻与俯击之矛盾也，乃设立远近多靶以测之"。遇到不解问题，徐、华二人必交流讨论，直至豁然开朗。他家境不裕，但为购置实验仪器，从不吝惜金钱。他非常重视实验，并动手自制实验仪器，制成指南针、象限仪及温度表等仪器。他的才干，受到当时的洋务派主要首领之一曾国藩的赏识。适逢曾氏兴办中国近代第一家机器工业——安庆内军械所，急需人才，于是举荐徐寿去那里工作。后李鸿章创办江南制造局，徐寿于同治六年（1867）又被调至该局工作。在中国近代科技发展史上，徐寿的贡献具有突出的地位。

温度表
温度表是一种运用不同原理来测量物体（或空间）温度或温度梯度的器具。

　　徐寿最大的贡献是系统介绍西方近代化学。徐寿到江南制造局后即建议设立翻译馆，建议获准后，他又与伟烈亚力、傅兰雅等人通力合作，翻译西方科技书籍，前后达 17 年之久。根据《清史稿·徐寿传》记载，徐寿与人合译之书计 13 种，其中 6 种与化学有关。翻译情况如下。

　　《化学鉴原》6 卷。根据英国威尔斯（D. A. Wells）所著《化学原理和应用》译成。威尔斯的这本书是当时流行的教科书，初版于咸丰八年（1858），10 年中修订再版 10 余次。是书为普通化学方面的著述，包括化学的基本原理和一些重要元素的性质。徐寿与傅兰雅译成，并于同治十年（1871）出版。这本译著出版，其意义除了该书内容重要外，还在于译者首次确立元素译名的原则，即取西文名词第一音节，加汉字"金""石"等偏旁，创造新的形声字。译者根据这个原则译定的 64 个元素汉名，受到学术界的普遍接受，其中 44 个沿用至今，如钠、钾、锰、镍、钴、锌、钙、镁等便是。

《化学鉴原续编》24 卷和《化学鉴原补编》7 卷，亦为徐寿和傅兰雅所译。前书介绍有机化学知识，后者介绍无机化学及化学实验，谈及主要元素的性质与测定方法，并论述到光绪元年（1875）新发现的元素镓，译自英国化学家勃洛詹（C. L. Bloxam）所著《无机及有机化学》。

《化学考质》8 卷。徐寿和傅兰雅译成。为化学定性分析著作。译自德国化学家弗里西尼乌斯（Freaenius）的《定性分析导论》的英文版（光绪元年，即 1875 年出版）。

《化学求数》8 卷。徐寿和傅兰雅译成。为化学定量分析著作。译自弗里西尼乌斯《定量分析导论》的英文版（光绪二年，即 1876 年出版）。

《物体遇热改易记》4 卷。徐寿和傅兰雅译成。主要介绍气体、液体、固体膨胀定律与应用，以及测定膨胀系数的方法。属物理、化学初步知识的书籍。译自福斯特（Foster）撰写的《由热引起的体积变化》[收于瓦特斯（Watts）编《化学及其他有关学科辞典》，光绪元年即 1875 年出版]。徐寿和傅兰雅在翻译《化学鉴原》等书过程中，还编成《化学材料中西名目表》和《西药大成中西名目表》这两部中西化学名称对照表。

徐寿和傅兰雅上述翻译活动及成果，使西方近代化学比较系统地传入中国。

除了翻译化学书籍，徐寿还译有《汽机发轫》《西艺知新》《西艺知新续编》《宝藏兴焉》《营阵揭要》《测绘地图》《法律医学》等 7 种。

徐寿是化学家，也是化工技术专家。在江南制造局，他在"船炮枪弹"方面多有发明，"自制强水、棉花、药水、爆药"，为中国近代军事工业贡献甚巨。

徐寿也是近代教育家，为传播包括化学在内的科学技术知识，培养科技人才，同样贡献很大。这主要表现在他参与创办格致书院和杂志《格致汇编》。格致书院堪称中国境内较早的科学教育机构，筹建始于同治十三年（1874）。徐寿与其他7人（外国人4人，国人3人）为创始董事会成员。徐寿修改英国驻上海领事原拟15条章程，并重拟6条章程，规定只讲科技，不涉宗教。他还积极奔走，争取到李鸿章等人支持。在筹资金、购仪器、绘制院舍图样等方面，他出力最多。终促成书院在光绪二年（1876）开院。他还主持入院学生的定期课艺。

《格致汇编》为中国最早科技期刊，光绪二年（1876）刊行。傅兰雅任主编，而集稿与编辑工作则由徐寿具体操持。是刊专载科技文章。始为月刊，后为季刊。共出7卷（每年一卷）60册，时断时续，历时16年。这本杂志影响较大，印数三四千本，覆盖国内北京、天津、上海等70余地，并远销新加坡和日本。徐寿曾在杂志上发表过《论医学》《汽机命名说》《考证律吕说》等学术论文。

此外，徐寿也为试制成功中国第一艘轮船立下了汗马功劳。

2. 杜亚泉的贡献

杜亚泉（1873—1933），原名炜孙，字秋帆，笔名伧父、高劳等。浙江会稽人。生于书香门第。读书刻苦，以求功名。16岁中山阴县秀才。复进城读书，毕业于浙江省垣崇文书院。他旧学功底甚深，曾列绍兴经学岁试第一。甲午战争前也曾两次乡试，皆未中。甲午秋试即至，而日本侵华战争已经爆发，乃愤然放弃误人误国的科举之途，专志于西方近代科技，以图救国。初读李善兰、华蘅芳之数学著作，越两年，受绍兴中西学堂监督蔡元培之聘，于光绪二十四年（1898）来堂教授数学。杜氏数学水平可由当年算学考试为绍兴第一得到说明。教学之余，他还坚持自学物理、化学、矿学、植物学、动物学及日语，均颇有成效。他还广泛涉猎西方社会科学知识。他关心社会现实，希望以革新达中国富强之途。

德才兼备的杜亚泉于光绪二十六年（1900）秋季去上海，实现他的抱负，发挥他的才干。当年创办亚泉学馆，招员授徒，传播近代物理、化学知识。同年还创办《亚泉杂志》，是为中国人自办的最早的科技期刊。次年，创设普通学书室，编译出版书籍，传播科学知识。光绪二十七年（1901）和光绪二十八年（1902），他还创办并主编了集理化、文史及时事政治于一身的《普通学报》，主编《中外算报》。

光绪三十年（1904），他应张元济（1867—1959）等人之邀，到上海商务印书馆编译所担任理化部主任。他在商务印书馆工作了28年。光绪三十一年（1905），杜亚泉与蔡元培等人决定创办理科通学所，所内设算学、理化及博物3科。同年，商务印书馆创办的速成小学师范讲习所开学，他在该所任教师。中华民国元年（1912）起，他又任当时中国最负盛名的《东方杂志》主编。

创学校，办刊物，撰写文

商务印书馆
商务印书馆1897年创办于上海，1954年迁至北京。与北京大学同时被誉为"中国近代文化的双子星"。

章，著译书籍，是杜亚泉一生的基本活动。他通过这些形式，向国人介绍、传播包括化学在内的先进的科技知识，做出了非凡的贡献。

《亚泉杂志》前后发行 10 期，载文 39 篇，其中除 6 篇属外投稿件，其余 33 篇全为杜亚泉自撰或自译的。在全部刊载的文章中，化学类最多，计 23 篇，占 58%。此外，该刊还设有"化学问题"专栏。把《亚泉杂志》说成是中国首家化学期刊并不为过。正是这本杂志，向中国人系统介绍了元素周期律，及时告知国人世界上新发现的化学元素，如镭、钋放射性元素就是这样介绍进来的。杜亚泉的文章从化学理论到日用化学知识，无所不包。属于后者的文章有"防腐及贮藏法""天气预报器""显影药水方"等。杜亚泉编写、编著的化学书籍有《化学工艺宝鉴》《理化示教》《格致》《自然科学》等，有一些成了很受欢迎的教科书。

杜亚泉在植物学、动物学等领域，也为传播近代科学做出许多贡献。

3. 徐建寅的建树

徐建寅（1845—1901），字仲虎，江苏无锡人。是晚清著名化学家徐寿次子。自小，父亲的人品和献身科研的精神就深深地感染着他。17 岁起，先后随徐寿到安庆内军械所和江南制造局。同治十二年（1873）授任为江南制造局提调。后又先后奉调至天津机器局督造镪水；去山东总办山东机器局；任中国驻德使馆二等参赞，赴英、法各国考察；去南京督办金陵机器局；去福州任福建船政局提调。光绪二十四年（1898）戊戌变法时，任农工商总局督理，受赏三品卿衔。光绪二十六年（1900）去武汉总办汉阳钢药厂。次年因试生产无烟火药失事，以身殉职。

徐建寅对晚清科技的贡献，除了协助徐寿在安庆造船，以及翻译数学、物理著作外，还主要表现为传播、介绍西方近代化学、化工技术，及推动中国化工技术进步和发展。

徐建寅和傅兰雅通过译书，首次将西方近代分析化学，系统地介绍到中国。《化学分原》是他们合译之作，同治十年（1871）由江南制造局出版刊行。全书计2册8卷，附插图59幅。原本为《实用化学及分析化学导论》，系欧洲化学名著，同治五年（1866）出版。原著者是英人包蒙（J. E. Bowman），后又经英人勃洛克詹（C. L. Bloxam）增订。《化学分原》主要内容包括：化学元素及其化合物的定性分析方法和定量分析方法；定性分析与定量分析所用仪器的制作和使用方法。徐建寅与傅兰雅的工作完全是开拓性的，当时并无专门化学译著可资借鉴，更无专业词典，不少概念、术语的译名都是他们首次提出的。此书是中国最早出版的分析化学译著，堪称中国近代化学的重要基石之一。

徐建寅于光绪五年至七年（1879—1881），在德国、法国和英国的厂矿进行考察，他将考察所得，撰成《欧游杂录》和《水雷录要》二书，对国外先进工艺技术等情况详加记述。在《欧游杂录》中，细录所考察的80多个厂矿的规模、技术、设备、工艺过程，谈到200余项工艺技术。80多个厂矿中，有化工厂13个，如制造硫酸、硝酸、氯气、硼砂、漂白粉、氯化铵、油烛、肥皂、香水、樟脑等厂；有制弹药、水雷、枪、炮等厂17个；有冶炼厂及铜矿13个；制水泥、耐火砖、皮革及机械等厂23个。徐建寅的考察及载有多种制造工艺的考察记，对推动中国科技的发展起到重要作用。徐建寅勤于钻研和试验，使晚清中国多项化工产品从无到有地问世。同治十三年（1874）他在天津机器局督造镪水，结果很快造出硫酸。在武汉，他从事无烟火药的研制工作，"日手杵臼，亲自研炼"，终于研制成功（之前的光绪二十二年即1896年，江南制造局已研制出无烟火药；但徐氏研制系独立进行的）。惜上机制造时，机器突炸，致使徐建寅等在场16人同时身亡。

4. 蹊径独辟的丁守存

化学的原始形式炼丹术，衰落于明代。西方化学知识的传入起于咸丰年间。但鸦片战争到咸丰朝之前的这段时间（1840—1850），中国化学研究并不是一片空白。鸦片战争中国的失败，激励国人探寻克敌制胜的良策；英军猛烈的炮火则促使一批国人改进火器技术，并做出可贵成就。丁守存是其中的杰出代表。

丁守存（1812—1886），字心斋，号竹溪，山东省日照人。自幼聪慧，读书刻苦。科举之途顺利，道光十五年（1835）中进士，后曾任过户部主事、军机章京及湖北督粮道兼按察使等职。

丁氏学识渊博，除经史外，天文历算和工艺制造，无不通晓。这是他钻研火器技术的重要基础。道光二十三年（1843），他写成介绍火器起爆装置雷管研制方法的《自来火铳造法》一书。这本书是他在基本上无从参阅西方资料文献的条件下，潜心研究和试验的结晶。

传统的铳炮引燃，一般无非采用纸药引信或火绳、火石法。欧洲在道光十一年（1831）第一次以雷银、雷汞制成雷管，书写了起爆技术全新一页。丁守存研制的雷管起爆药就是雷酸银，过去中国并无人制成此药。丁守存合成雷酸银的方法是：先用青矾和硝石制成硝酸，继以蒸馏法得浓硝酸（书中所谓"强水"）；以蒸馏法将酒精纯度提高，得纯酒精；浓硝酸与纯酒精配成浓溶液；锤足色纹银成薄片，置于配成的浓溶

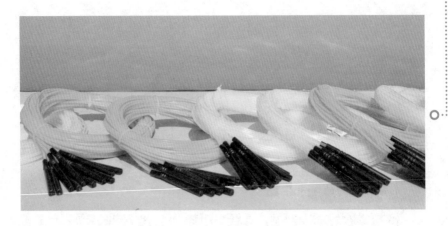

雷管

雷管是一种爆破工程的主要起爆材料，它的作用是产生起爆能来引爆各种炸药及导爆索、传爆管。

液中；剧烈反应后，器皿瓶底有"白霜"是为雷酸银。把雷酸银置入制好的铜帽内，雷管即告制成。丁氏研究成果，固比欧人晚出 10 余年，但属独立研究所取得的成功，同样是中国起爆技术发展进程中一个重要里程碑。

除了《自来火铳造法》以外，丁氏还有《详覆用地雷法》《新火器说》《造化究原》《丙丁秘篇》等著述。丁氏的包括雷管制造技术在内的科研成果，在当时很受清政府重视，一般都用于兵器制造上。道光皇帝曾召见他。魏源的《海国图志》（第 2 版，道光四十七年即 1847 年刊印）也收有《详覆用地雷法》和《自来火铳造法》。道光年间福建的丁拱辰与丁守存在火器方面各领风骚，有"南北二丁"之说，可见影响之巨。

十

生物学

（一）近代西方生物学的传入

在西方生物学知识传入之前，清代学者所撰与植物学有关的著作，较重要的当推赵学敏（约 1719—1805）的《本草纲目拾遗》和吴其濬（1789—1847）的《植物名实图考》。两书情况，已在本书医学一章中介绍，故此不赘述。

鸦片战争后，西方生物学知识开始大量地传入中国。较早介绍这方面知识的书当推英人合信编译的《博物新编》的第三集《鸟兽论略》，书中介绍了许多鲜为中国人所知的动物。《博物新编》全书 3 集出齐的时间为咸丰五年（1855）。是书浅显易懂，对于普及传播西学知识起到一定作用。

国人的译著及其他著述，在引进、传播西方生物学方面作用最为突出。李善兰与韦廉臣（A. Williamson, 1829—1890）合译《植物学》8卷，是中国最早系统介绍西方近代植物学的译著。英人林德利（J. Lindley, 1799—1865）原著。译著由上海墨海书馆于咸丰八年（1858）出版。该书内容包括由显微镜观察到的植物内部组织构造；建立在实验和观察基础之上的有关植物体器官组织的生理功能的理论；建立在植物体本身形体构造特点基础之上的科学的植物分类法；植物的受精作用；植物的地理分布等。在翻译中，如细胞、豆科、菊科、杨柳科、蔷薇科等译名得以确立，为人们所乐于接受。

杜亚泉于光绪二十七年（1901）创办的《普通学报》和《亚泉杂志》，均登载过生物学方面的文章。他还编写、编译了《植物学》《动物学》等教科书。日本留学生在日本翻译的有关书籍有：《植物新论》《霉菌学》《动物通解》《动物学新书》《动物学问答》《植物学问答》《植物学新书》等（光绪二十九年即1903年出版，为范迪吉等译百册《普通百科全书》的一部分）。此外，留日学生的译书汇编社也在光绪二十九年（1903）出版《物竞论》《生物之过去及未来》。光绪二十九年（1903）国内采用的生物学方面的教科书有：《动物须知》《植物须知》《植物学启蒙》《植物学教科书》《中等植物学教科书》《动物启蒙》《近世博物教科书》《普通动物学教科书》及《植物学实验初步》等，基本都是译著。

上海格致书院所刊行的《格致汇编》杂志曾译载《人与微生物争战论》的讲演记录。表明细菌和微生物知识传入中国。

洋务运动开始后，新式学堂学生和出国留学生也受到生物学方面的教育。成立于光绪十五年（1889）的广东西艺学堂，所设五种专业之一，就有植物学。清末新政中的湖北师范与农业教育，一般也都开设生物课程。其他地方的师范院校，也普遍进行生物课的教授。约在宣统二年（1910）前后，湖南高师设立博物部。接受中国留学生的早稻田大学清国留学生部的本科师范类，即有博物学科。

在中国的教会学校，有的也开设生物课，如登州文会馆正斋第五学年就开动植物学。

（二）进化论的传入

在近代西方生物学传入中国的过程中，达尔文的进化论的传入意义最为重大。

进化论是 19 世纪欧洲最重要的科学成果之一。生物进化论的思想在欧洲酝酿已久，法国博物学家拉马克（1744—1829）曾提出过进化论学说。进化论的确立，则以英国博物学家达尔文（1809—1882）在咸丰九年（1859）出版《物种起源》一书为标志。同治十年（1871）达尔文已出版了另一本进化论力著《人类的起源和性的选择》。

同治十二年（1873）是载入中国生物学史册的一年。当年上海江南制造局出版了华蘅芳与玛高温合译的《地学浅释》，就提到了进化论学说。该书说：拉马克（当时译成勒马克）"言生物之种类，皆能渐变，可自此物变至彼物，亦可自此形变至彼形"。该书还说：达尔文（当时译成兑儿平）"言生物各择其所宜之地而生焉，其性情亦时能改变"。当年上海《申报》发表一则报道，称达尔文（当时译成大

严复像

严复
严复是清末资产阶级启蒙思想家、翻译家、教育家，也是"信、达、雅"译文标准的首倡者。

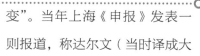

蕴）"新著《人本》一书"。《人本》即《人类起源和性的选择》。及至光绪十七年（1891），上海出版的由傅兰雅和徐寿主持的《格致汇编》也载文介绍达尔文的进化论。

严复在宣传进化论方面的功绩，远在近代一切人之上。

严复（1854—1921），初名传初，曾改名宗光，字又陵、幾道，福建侯官（今闽侯）人。于福州船政学堂第一届毕业后，在军舰上实习5年，到过新加坡、槟榔屿及日本等地。同治十三年（1874），日本侵扰台湾，乃随福建船政大臣沈葆桢赴台，测量海口，筹备海防。光绪三年（1877），作为船政学堂首批赴欧留学生38人之一，入英国格林尼次海军大学深造，其间还曾赴法国考察。他在英国非常注意观察、研究英国的社会制度和资产阶级的社会政治学说，比较西学与中学的异同。两年后学成回国，先任福州船政学堂教习，次年任天津北洋水师学堂总教习，后升总办，执教达20年。严氏中学根底深厚，更兼实地考察西方社会，研究西人学说，因此对中国积弱不振的病源认识更为深刻。适逢中日甲午战争中国大败，民族危机空前深重，举国上下呼吁变革，严复乃系统地宣传、介绍进化论，以生物界进化发展的规律，唤起人们对因循守旧、抱残守

槟榔屿

槟榔屿也称槟城，位于马来西亚，槟城不仅以多元文化和谐发展著称，而且以"电子制造业基地"享誉全球。

缺会导致亡国亡种的认识。

　　严复宣传进化论，最初是采用撰文介绍和评论的形式。光绪二十一年（1895），他在天津《直报》上发表《原强》一文。文章说："达尔文者，英之讲动植之学者也，""垂数十年而著一书，曰：物种探源。"文章对达尔文学说的地位给予高度评价："论者谓达氏之学，其一新耳目，更革心思，甚于奈顿氏之格致天算，殆非虚言。"为了达到唤醒国人的目的，严复重点介绍其中《物竞》《天择》两章："其书之二篇为尤著，西洋缀闻之士皆能言之，谈理之家掫为口实。其一篇曰《物竞》，又其一曰《天择》。'物竞'者，物争自存也；'天择'者，存其宜种也"。于是他提出"鼓民力""开民智""新民德"，来使中华民族能在变化了的世界上生存和发展。严复并不满足于上述撰文介绍形式。他于当年又开始着手翻译《天演论》。《天演论》是达尔文学说的忠实继承者赫胥黎（1825—1895）所著《进化论和伦理学》一书的上半部分。光绪

《天演论》

《天演论》是一篇十分精彩的政论文，该书认为万物均按"物竞天择"的自然规律变化。康有为称严复"译《天演论》为中国西学第一者也"。

二十四年（1898），在戊戌变法的高潮中，严复将此书译稿在自己创办的天津《国闻报》上分期刊载出来。后来，全书出版。严复翻译的《天演论》，强烈地震撼着国人的心灵，"物竞天择""适者生存""优胜劣败""弱肉强食"等名言警句，不胫而走，促使人们深思，激励人们变革。

既然严复译书是服从于改造社会的目的，因此他的翻译就不是照本宣科，而是有目的地选择，进行加工、改造和增删。在每段、每节，他都加上自己长长的按语（按语总量约占全文三分之一）。这些按语对译文进行补充和引申，并对中西文化异同和西方学术源流，进行评论与介绍。

赫胥黎本人强调优胜劣汰、适者生存的规律仅适用于自然界，而人类有高于动物的相爱互助的先天本性，故他的《进化论与伦理学》一书的基本观点之一就是："社会进化意味着对宇宙过程的每一步的抑制，并代之以另一种可称为伦理的过程。"然而，当时主宰英国哲学界的理论是斯宾塞（Herbert Spencer, 1820—1903）的社会达尔文主义。斯宾塞将达尔文生物进化论移植于人类社会史的研究，认为自由竞争、弱肉强食是天然的公理，"人口压力和它所引起的竞争是过去和现在人类进化最有力的工具"。

严复出于爱国主义和民族主义感情，既赞同斯宾塞的普通进化论，又不同意他"任天为治"让自然规律自发起作用。严复接受赫胥黎"大人争胜"观点，相信人力胜天演。一个民族，一个国家，只要奋发向上，就可以主动迎接挑战，由落后变富强，由不适应到适应，就能避免自然界生物因弱小和不适应竞争而退化和灭亡的厄运。因故，严复所加按语中，多次以斯宾塞学说驳赫胥黎的观点，且书中不少观点也非赫胥黎原著之中的，而是斯宾塞那里的。这就是进化论在特殊的历史条件下传至中国的特殊情形。

进化论是自然科学理论，但它的传入，在思想界所引起的反响，却远远超过科学界的反响。当时桐城派名人吴汝纶的评价如实地道出了这种反响，他致信严复称："得惠书并大著《天演论》，虽刘先主之得荆州，不足为喻，比经手录副本，秘之枕中。盖自中土翻译西书以来，无此宏制，匪直天演之学，在中国为初凿鸿蒙，亦缘来自译手，无似此高文雄笔也。"

严复译书，追求准确、通顺和优美，并因此久负盛名，但在形式上的过分考究，有时影响了内容的准确，不利于内容的传播。梁启超说：严复"文章太务渊雅，刻意摹仿先秦文体，非多读古书之人，一翻殆难索解"。萨镇冰评价说："《天演论》第一章开首的那个长句译文，颇有气派，但读起来费力，和赫胥黎讲稿的语气很不相像。"吴汝纶在形式问题上也未为尊者讳，给严复信中建议：自著之书，可随意发挥，而翻译赫胥黎的书，人家原书引用西方古代人与事，硬给改成中国人与中国事，就不恰当了。因为赫氏并不知道这些人与事。

严复之后，中国人介绍进化论的学术活动仍在继续。著名科学家马君武（1882—1939）贡献尤力，是为中国直接翻译达尔文《物种起源》和《人类起源和性的选择》两书之第一人。光绪二十七年至二十八年（1901—1902），他译出了《物种起源》第三章和第四章，分别名以《达尔文物竞篇》和《达尔文天择篇》。中华民国初年，他又将《物种起源》全书译出并出版，还译出《人类起源和性的选择》，两书分别名为《达尔文物种原始》和《人类原始及类择》。他也译出了德国人海克尔（1834—1919）的《自然创造史》和《一元哲学》，对达尔文学派主要著作进行了系统介绍。

鲁迅也有贡献。他于光绪三十三年（1907）发表了《人之历史》

的学术文章，副标题是"德国黑格尔氏种族发生学之一元研究诠解"。"黑格尔"即海克尔。在这篇文章中，作者介绍了生物进化论、人类起源，以及海克尔的生物发生律。文中的种族发生学，即为种系发生学，也即生物发生规律。

晚清外国人在中国搞过一些动、植物标本采集工作。钟观光（1868—1940）于宣统二年（1910）后曾在湖南高师和北大任教，用时五年，实地考察福建、广东、云南、广西、浙江、安徽、江西、湖北、四川、河南、山西等省的植物情况，采集了植物标本约15万件，为后来北京大学植物标本室的成立创造了条件。

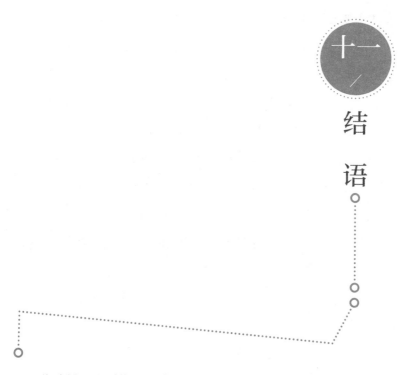

十一

结语

清代跨越两个时代。以鸦片战争为分段线，清代历史包括战前的古代和战后的近代这样两个部分，其科技史自然也就兼有古代、近代科技史的内容和特点。

传统科技在清代发展到空前的高度。在社会经济进一步发展的基础上，传统科技在各个领域均获丰硕成果。江西景德镇制瓷技术登峰造极。王清任的《医林改错》竖起中国古代解剖学的不朽里程碑。靳辅、陈潢在治黄理论和实践上多有建树。此外，农学、数学等诸多领域均有突出成就。充分显示出中国人民的智慧。

科技引进范围之广，程度之深，成就之大，为古来历代所不及。清朝开国之初，顺治、康熙皇帝就有意识、有计划地留用和吸引外国传教士在华工作，发挥他们传播先进科技的优势。鸦片战争后，外国对华商品输出和资本输出，客观上也把许多西方先进的科技带入中国。包括一些传教士在内的同情中国人民的西方人士，在中国行医、撰文、著书，促进了近代科技的传播。国人为改变国家和民族的屈辱命运，高扬科技救国大旗。他们翻译外国科技书籍，引进外国工业设备，兴办新式学堂，甚至走出国门留学异邦。于是，西方近代数学、化学、物理、医学、生物、地学、工艺及技术等全面、系统地传入中国。

专门科研机构发展迅速。鸦片战争后，清政府官办资本主义近代企业和民间私人资本主义近代企业不断发展，客观上要求科学技术相应发展；国运不昌的现实，也促使人们加倍重视科技的普及和发展，这就为专门科研机构的发展奠定了基础。在洋务派兴办的大型企业中，往往附设翻译馆。清末新政中，又在各省设立矿政调查局等机构。民间各类研究机构也层出不穷，科研机构数量之大，形式之多，普及之广，远远超过以前历代。

清代科技在中国历史乃至世界历史上都有着重要的地位和作用。

它有力地推动着清代经济的发展。黄河久为流域内百姓的大患，靳辅、陈潢治河的巨大成就，使人民安居乐业有了一定保障。近代西方医药的传入，使百姓医疗条件有所改善，有利于生产力的发展。近代西方工业技术的引进，带来了大机器业的问世和近代城市的出现，使晚清社会生产力与生产关系有了质的飞跃。

它促进了中国国防建设和反帝斗争。晚清新式军事工业的建立及新式武器装备的生产，使中国国防能力明显增强，在当时列强环伺的形势下有着非常重要的积极意义。左宗棠胜利收复新疆；中法战争中，中国能取得军事上"不败"甚至略胜一筹的战绩，都应归功于近代科技的发展。近代中国资本主义新式工业、矿业及交通运输业的发展，也起到了抵制外国资本主义经济侵略的作用。

它促进了反封建斗争。近代中国需要民主与科学，需要资本主义经济、政治制度取代腐朽没落的封建制度。科学技术在晚清成了志士仁人反对封建统治的有力武器。严复不遗余力地宣传进化论，呼吁清政府顺应形势，迅速变法。革命党人十分重视在清朝新军中发展革命组织。最终也正是以新式武器装备起来的新军，在推翻清王朝的辛亥革命中发挥了重要作用。

它是中华民国乃至新中国科技事业的奠基石。晚清科技人员、国内毕业的学生及出国留学生中很大一部分人，都成了中华民国时期中国科技事业的骨干，有的人还为新中国科技发展做出了可喜的贡献。清代的科研机构和设施，清代科学家取得的科研成果和积累的科研资料，也成为后人的宝贵遗产。历史发展不能割裂，没有清代尤其晚清科技的发展，就没有其后的科技事业。

它在世界科技史上也留下光辉的一页。诚然，清代中外科技交流更多地表现为西方近代科技进入中国，但决不能因此就忽视了中国科技对世界文明的贡献。中国是种痘法的故乡，种痘法在清代进一步发展完善并传入西方，带来免疫法的革命。中国茶树及其种植技术传至欧美，在当地安家落户。中国优良的家畜、家禽品种传入欧美，推动了当地畜牧业生产。吴其濬《植物名实图考》更是世界植物学宝库中的精品。魏源的《海国图志》和徐继畬的《瀛环志略》传入日本，有力地推动了日本近代的变革思潮。应该说，世界近代、现代科技的发展与进步，得到了中国清代科技直接或间接的推动与促进。

清代科技史给后人一个很重要的启示，即科技无国界，科技发展依赖于开放的环境。清朝国门开启关闭的过程，雄辩地说明：国门小开，科技小有进步；国门关闭，科技发展缓慢以至停滞；国门被迫大开，则科技既受严重阻碍，又有极大的发展机遇。

值得一提的是清代科学家中很多人高风亮节，在人格上足堪效法。他们是科学家，他们淡泊名利，有信仰，有追求，有很强的人文主义精神。王锡阐贫寒生活相伴一生，但他的精神是充实的。他进行科学研究从未懈怠。他忠于亡明，绝意科场，终不仕清。铮铮铁骨，磊落风范！徐寿为人谦和，敦尚节俭，"衣食不求华美，居室但蔽风霜，翛然野外，辄怡怡自乐"。清末留学生，大多怀抱科技救国的志向且学成归国，献智慧于民族的复兴。那些国内的学子，也怀拳拳报国之情。科技能否救国，这里无意争论，但救国的精神却是可贵的。清代也有商品经济，晚清商品经济发展得很快，科学家们在名利、事业、人格、使命等方面如是选择，恐怕不是聚敛财富、趋炎附势之辈所能理解的。